# PEN & MARK PEN & COLOR PENCIL

JIAN ZHU SHOU HUI BIAO XIAN JI FA

# 钢笔·马克笔·彩铅
## 建筑手绘表现技法

任全伟  著

化学工业出版社
·北京·

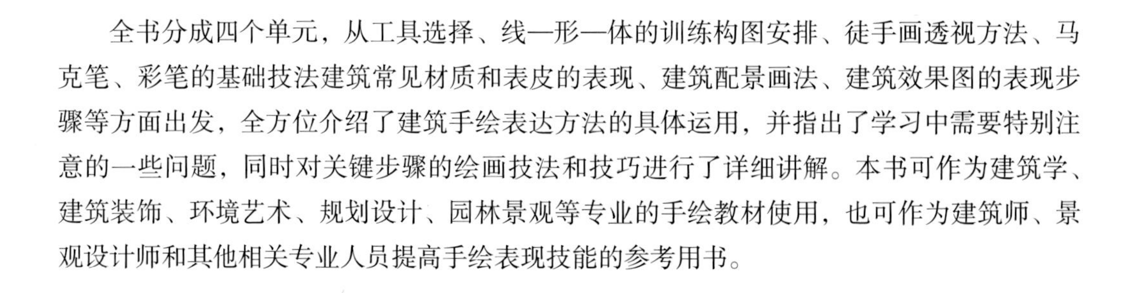

全书分成四个单元，从工具选择、线—形—体的训练构图安排、徒手画透视方法、马克笔、彩笔的基础技法建筑常见材质和表皮的表现、建筑配景画法、建筑效果图的表现步骤等方面出发，全方位介绍了建筑手绘表达方法的具体运用，并指出了学习中需要特别注意的一些问题，同时对关键步骤的绘画技法和技巧进行了详细讲解。本书可作为建筑学、建筑装饰、环境艺术、规划设计、园林景观等专业的手绘教材使用，也可作为建筑师、景观设计师和其他相关专业人员提高手绘表现技能的参考用书。

**图书在版编目（CIP）数据**

钢笔·马克笔·彩铅：建筑手绘表现技法／任全伟著. – 北京：化学工业出版社, 2014.5（2023.11重印）
ISBN 978-7-122-20190-4

Ⅰ.①钢… Ⅱ.①任… Ⅲ.①建筑画-绘画技法 Ⅳ.①TU204

中国版本图书馆CIP数据核字(2014)第059893号

责任编辑：林　俐　王　斌　　　　装帧设计：龙腾佳艺

出版发行：化学工业出版社（北京市东城区青年湖南街13号　邮政编码100011）
印装：北京瑞禾彩色印刷有限公司
710 mm×1000 mm　1/12　印张 12　字数 300 千字　2023 年 11 月北京第 1 版第 10 次印刷

购书咨询：010-64518888　　售后服务：010-64518899
网　址：http://www.cip.com.cn
凡购买本书，如有缺损质量问题，本社销售中心负责调换。

定价：49.00元

# 序

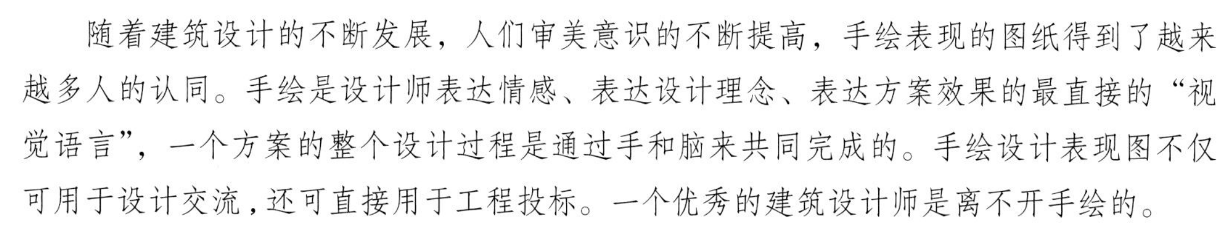

随着建筑设计的不断发展，人们审美意识的不断提高，手绘表现的图纸得到了越来越多人的认同。手绘是设计师表达情感、表达设计理念、表达方案效果的最直接的“视觉语言”，一个方案的整个设计过程是通过手和脑来共同完成的。手绘设计表现图不仅可用于设计交流，还可直接用于工程投标。一个优秀的建筑设计师是离不开手绘的。

手绘作为建筑设计专业的一门专业基础课程，一直以来存在理论多于实践的问题。学生在用彩色铅笔、马克笔等工具表达设计方案时存在易走弯路的现象，为使学生更好地掌握手绘表现知识，具备一定的建筑手绘表现能力，本书不仅介绍了许多线条表现方法与着色技巧，还强调建筑手绘表现与思维之间的互动关系，将手绘与建筑设计思维的培养和训练结合起来研究、讨论，有一定的创新。作品风格浑厚大气，又不失精致与细腻。

近十几年来，任全伟老师根据自己多年的教学实践和设计积累经验，并不断推敲总结，在手绘表现方面深有造诣，形成一套完整的教学与社会实践合一、教学与培训合一的手绘培训方法，满足学生综合职业能力培养的要求。

该书收录了任全伟老师大量优秀建筑手绘作品，由浅入深、循序渐进地讲解了建筑手绘表现的技巧、方法和要领。通过范例解读与细部分析，可以帮助学生较为直观地掌握手绘表现技法。

衷心希望任全伟老师能在今后的设计工作中不断努力、耕耘，为手绘教学做出新的贡献。

辽宁林业职业技术学院党委书记

东北林业大学博士生导师

# 前言

本书是一本关于建筑手绘表现方法的图书。建筑手绘是设计师表现设计理念、表述方案结果的最直接的“视觉语言”，其在设计过程中的重要性已越来越得到大家的认同。随着市场对建筑设计师需求的不断扩大，加之电脑表现图的局限性，促使越来越多的人热衷于学习手绘。手绘技能是设计师综合能力素质的标准之一。

本书具有以下的特点。

一、宗旨在于手绘能力的培养，使读者能够最直观、最快捷地掌握手绘基础知识，并可以根据自身水平选择重点阅读的阶段；

二、注重理论与实践相结合，以完成建筑手绘表现图为任务，通过实例的分析讲解来培养学生的手绘技能，着重培养并提高学生的设计思维和表现能力；

三、介绍各种钢笔线条与单体的画法，教会读者在不借用铅笔稿和尺子情况下，快速完成大中小型建筑空间的任意角度表现，并能够运用彩色铅笔、马克笔表达出心中设想的方案；

四、通过本书的学习，能较快速并扎实地掌握各类设计公司及研究生入学考试快题设计所必备的手绘技能。

本书的部分彩色铅笔作品由中国美术学院风景建筑设计研究院李涛老师提供，学生的快题设计作品由沈阳大学赵雪峰老师提供，在此表示衷心的感谢！辽宁林业职业技术学院的孟宪民老师为本书的提纲提供了意见和建议，王卓识老师为本书调整了部分图片，吴新富、邱凤敏、吴雅明、吴雅坤、潘平、任静华、纪凤春、任贵森、潘宝珠、吴娜、尹志飞、王佳光、李红、薛柏、陈雨含、宋杨等为本书的编写提供了帮助，在此一并表示诚挚的谢意！

由于编写时间紧迫，加之编者水平有限，不妥之处在所难免，望广大读者批评指正。

任全伟

2014 年 3 月

# 目录

第一单元
基础篇

# 第一节　建筑手绘表现概述与工具介绍

## 一、建筑手绘表现的应用

### 1. 设计师完成工作任务

设计师在进行方案设计时，在用草图进行推敲的过程中，要对方案进行反复修改，使作品臻于完美。而设计的灵感与火花是瞬间产生的，甚至是转瞬即逝的，手绘的方式可以把设计的灵感迅速地勾画出来，而电脑软件是不能解决这一问题的。下图是勒·柯布西耶设计郎香教堂的推敲手图和最后的建筑图。

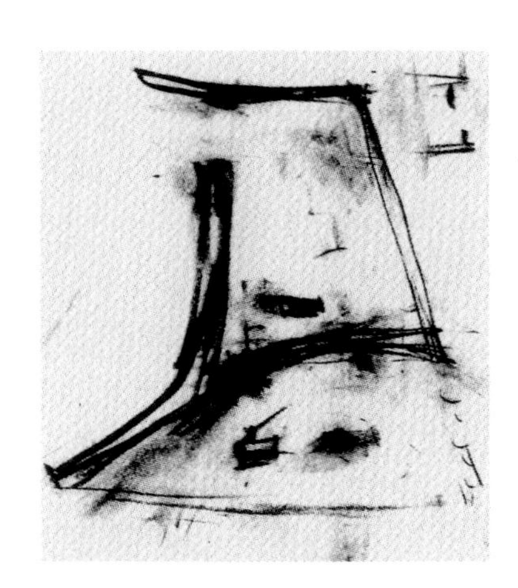

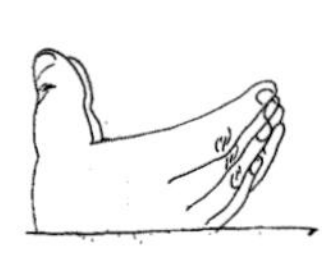

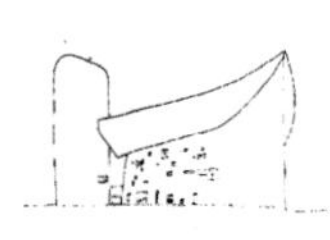
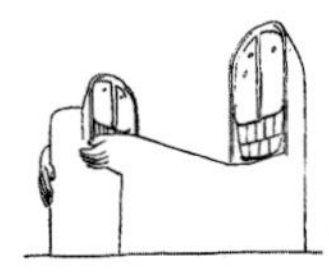
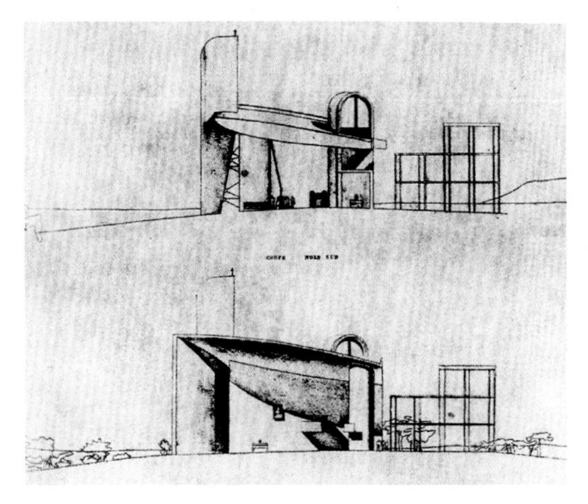

郎香教堂的推敲过程

### 2. 设计类研究生入学考试及公司招聘

如今各大建筑类、城市规划类、景观类院校的研究生入学考试中，都设有快题设计这一科目，就连各个公司进行设计师招聘时，也用快题设计考试作为选拔人才的依据。而手绘作为快速设计必备的技能，它不仅能反映设计者的基本功，还能有助于设计者充分表达方案；在设计过程中表现到位的手绘图能够帮助设计师与甲方进行交流，提高设计师的工作效率。下图是黎志涛设计书报亭时的手绘草图。

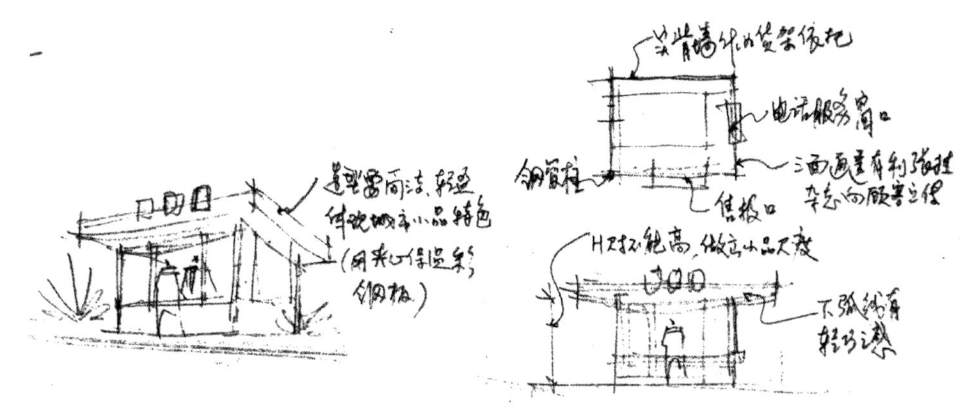


黎志涛设计书报亭所作草图

## 二、建筑手绘表现图纸类型

### 1. 平面图

建筑平面图可分为总平面图和局部平面图，是设计图纸最重要的部分，它能充分地反映出场地的功能划分、地块性质、空间布局、设计要素、设计尺度、要素之间的关系等内容，是最能体现设计意图的图纸，下图是赖特流水别墅平面图。

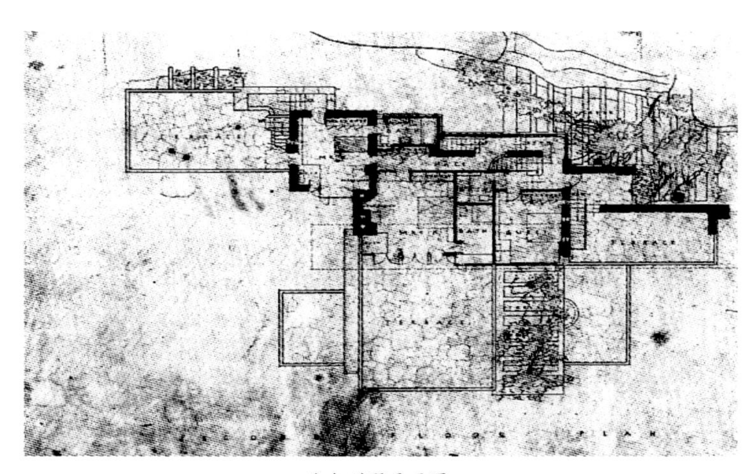

流水别墅平面图

## 2. 立面图、剖面图

建筑的立面是由建筑物的正面或侧面的投影所得的视图；剖面是用假设的平行于建筑的正面或侧面的铅垂面将建筑物剖开，所得的剖切断面的正投影。

建筑物的立面轮廓线用中实线，次要部分的轮廓线用细实线，地平线用特粗线。剖面图中被剖切到的剖面线用粗实线表现，没剖到的主要可见轮廓线用中实线，其余用细实线，如赖特流水别墅立面图、剖面图。

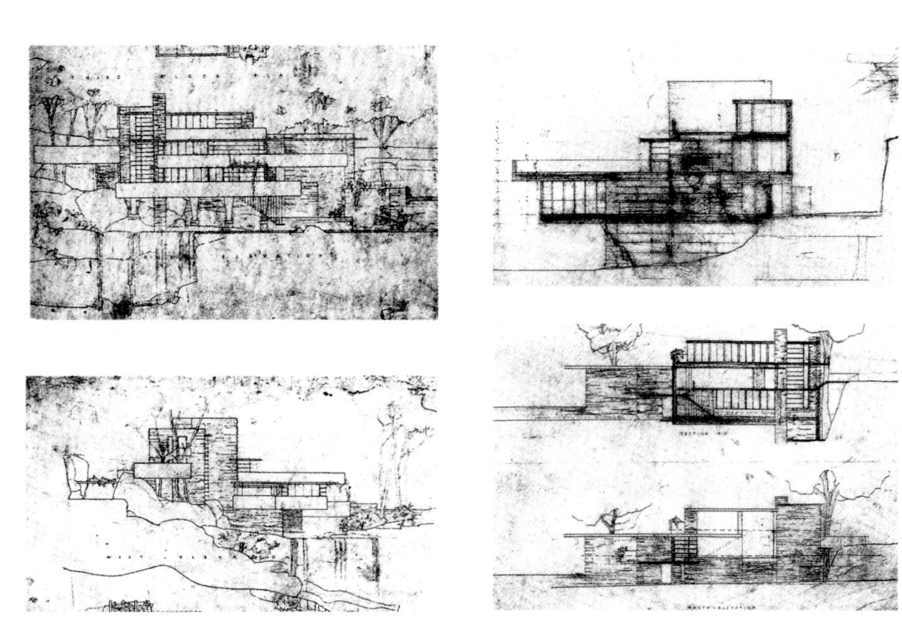

赖特流水别墅立面图、剖面图

## 3. 透视图

透视图是用三维的思维来表达设计理念的图纸，能够更形象地表现建筑的造型、尺度、空间关系，也是最能体现设计者素养和功底的图纸。与轴测图的三维表达不同的是，透视图会发生近大远小的变化，与人眼睛直接看建筑的效果一致，具有更真实、生动的艺术效果。因为透视图要比轴测图复杂很多，也是学习建筑手绘的难点，右图是赖特流水别墅透视图。

赖特流水别墅透视图

## 三、工具与材料

“工欲善其事，必先利其器”。任何形式的建筑手绘表现，都与工具和材料有密切的关系，设计师必须熟悉各种绘画工具的性能，不断地尝试。能把工具用得得心应手、胸有成竹，才能画出更好的建筑手绘图。建筑手绘常用的工具不外乎笔和纸，笔的种类繁多，常用的几种笔归纳如下：

① 铅笔——铅笔芯种类很多，不同硬度的铅笔能画出各种不同性质的线条，有软、硬、粗、细之分；

② 钢笔以及针管笔——用钢笔和针管笔画出来的线条沉稳而挺拔，排列组织效果极佳，能对画面做深入细致的刻画；

③ 马克笔——马克笔分为水性、酒精和油性三种，具有色彩亮丽，透明度好，快干等特点，经常被设计师使用；本书是使用美国“三福”牌马克笔，所标注色号均为“三福”色号。

④ 彩色铅笔——简称为彩铅，是一种非常简便快捷的手绘工具，它便于携带，技法难度不大，掌握起来比较容易，是设计师常用的手绘表现工具。

常用的纸是 A3 普通白纸、不同规格的素描纸、马克纸、有色纸等。

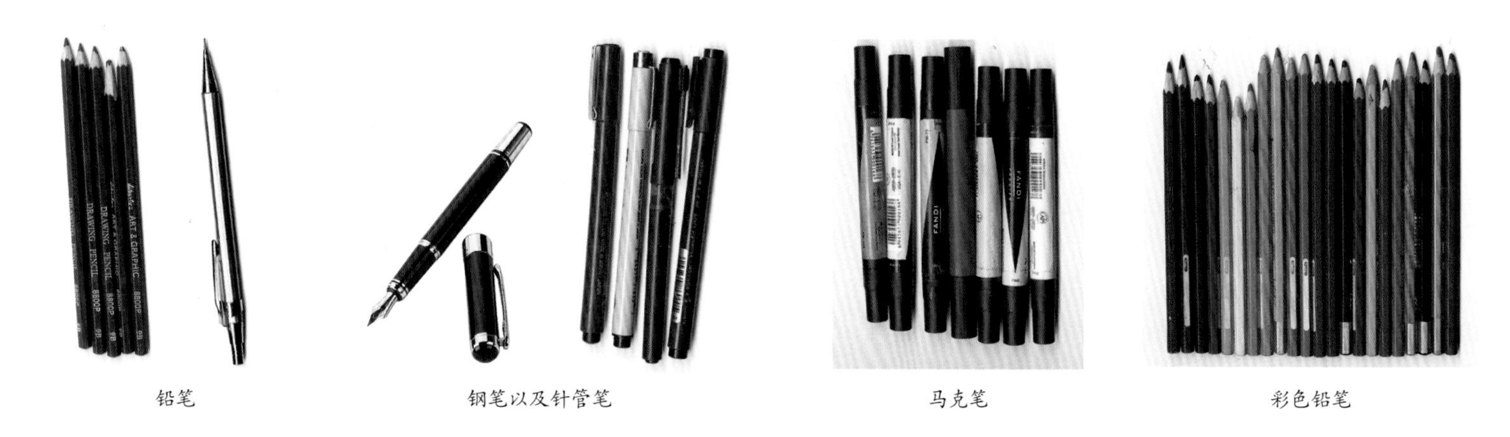

铅笔　　钢笔以及针管笔　　马克笔　　彩色铅笔

# 第二节 线—形—体的训练

## 一、线的训练

线条是手绘表现最基本的单元，也是决定画面效果最重要的元素。由于线条具有清晰明确的特点，优美的线条不但能显示一个设计师的基本功和艺术修养，更能体现出设计草图的最初理念。

徒手画线能够使画面显得生动活泼，更能充分展现设计者的能力和艺术修养，往往能成为快题设计中加分的亮点，线条练习的前期可以找些比较简练的线条作品进行临摹。

要熟练画线，做到收放自如，才能画出豪放潇洒的线条，才能控制线条的表情。

**1. 直线**

直线建筑手绘中最常用的，具有方向性与联系性，在空间的组织中，能够在方向上起到连接或划分的作用。直线有快线、慢线、颤线之分。

（1）快线

起笔和收笔要有顿笔，用笔肯定，两头重中间轻，行笔时要迅速地划过纸面，线条顿笔给人以扎实可信的印象。快线不能过长，要有生命感，一般 5 厘米左右即可，适合于画小尺寸的建筑练习。可进行十字格、米字格等练习来掌握快线。

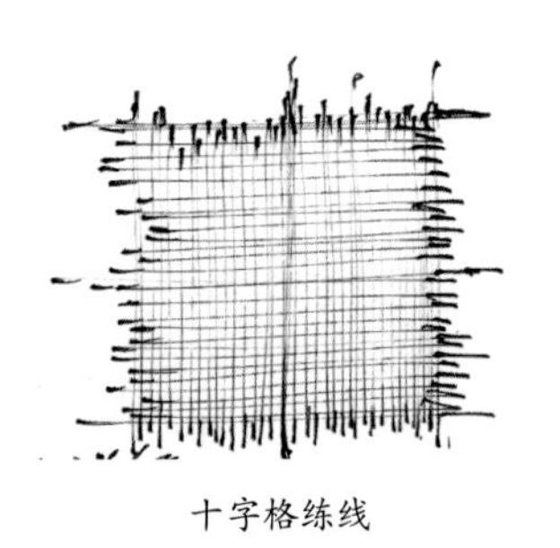

十字格练线

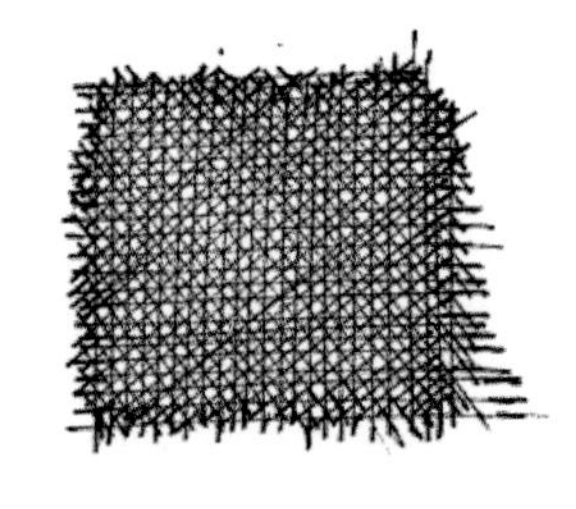

米字格练线

快线的综合练习

（2）慢线

起笔和收笔也要有顿笔，但画线时要保持均匀的速度和力度，线的方向易于控制和把握，比快线画的更长一些，是在手绘图中最常采用的绘线方法。

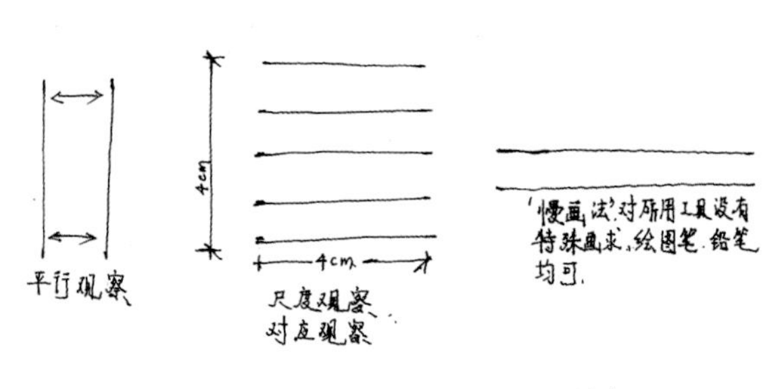


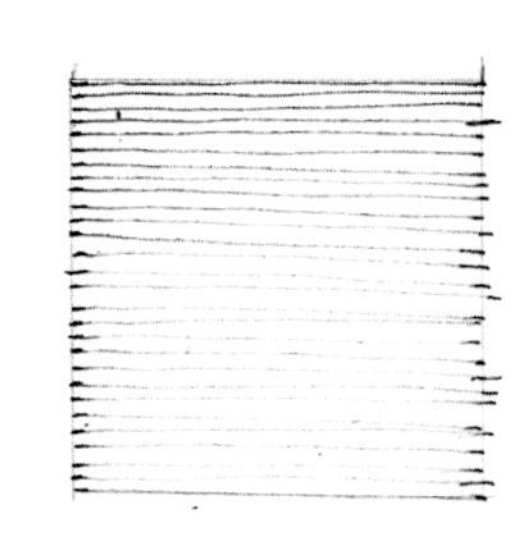

慢线

**2. 颤线**

颤线是像小波纹一样的线条，绘线时也是要保持均匀的速度和力度，使抖动的“波纹”尽可能均匀，要豪放潇洒做到大直小曲。在设计草图及建筑表现图中，这种线是设计师经常采用的，用好会产生很生动的效果，要大量的练习才能达到放松自如。

颤线特点：起点、终点明确，中间可以有小的弯曲。

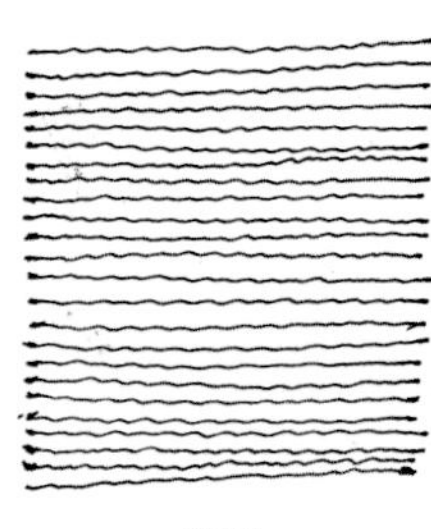

颤线

## 3. 特殊线

在建筑表现中，常用一些特殊线表现自然形态的植物。

云朵线：常用来表现阔叶植物。

云朵线

齿轮线：常用来表现阔叶植物。

齿轮线

尖角线：常用来表现针叶植物，以及椰子树、棕榈类植物。

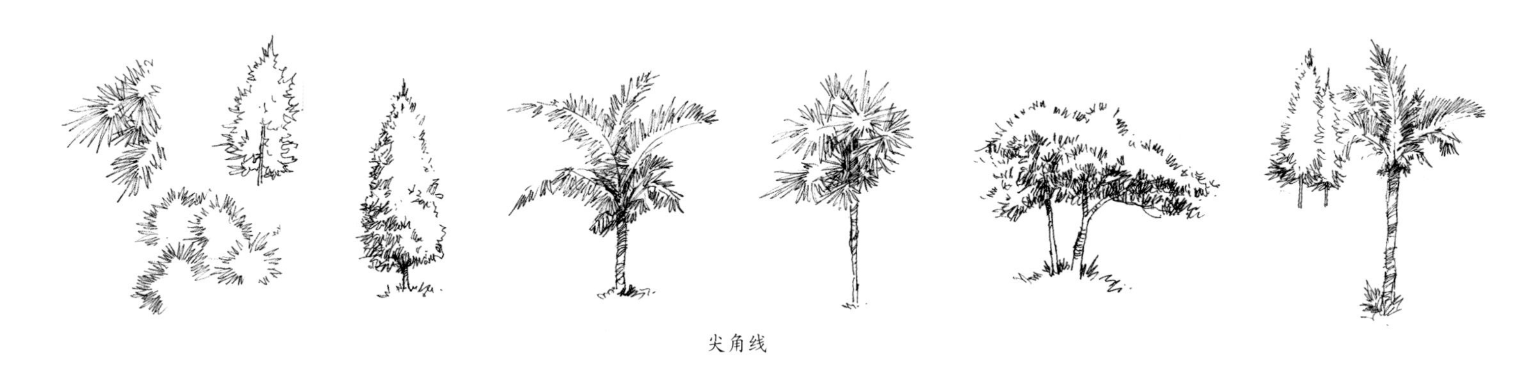

尖角线

## 4. 排线练习

在排线练习过程中要注意以下几点：

① 线条要干净利落，即使不很精准，也显得漂亮；

② 排线不可画放射状；

③ 排线不可大交叉。

排线练习

## 二、形的训练

### 1. 正方形

建议练习边长为 2 ～ 5cm 的正方形。

技巧：交点可出头，用笔要大气潇洒，具有感染力。

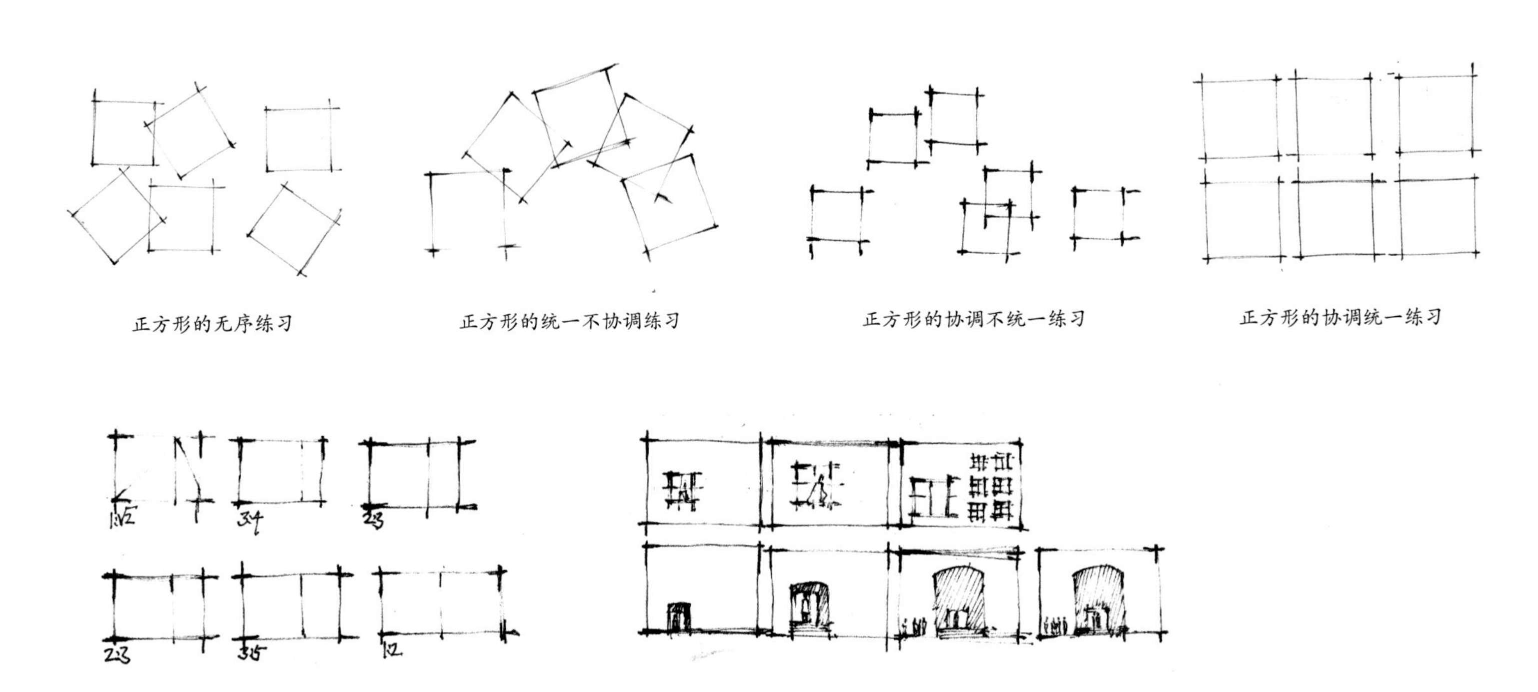

正方形的无序练习　　正方形的统一不协调练习　　正方形的协调不统一练习　　正方形的协调统一练习

针对建筑比例和房间样式进行训练

### 2. 圆形

圆形是绘制平面和立面时较常见的图形。先用正方形的四个中点连接来练习，熟练后直接画圆，注意起笔与收笔处的连接，不要有过于显眼的接痕。

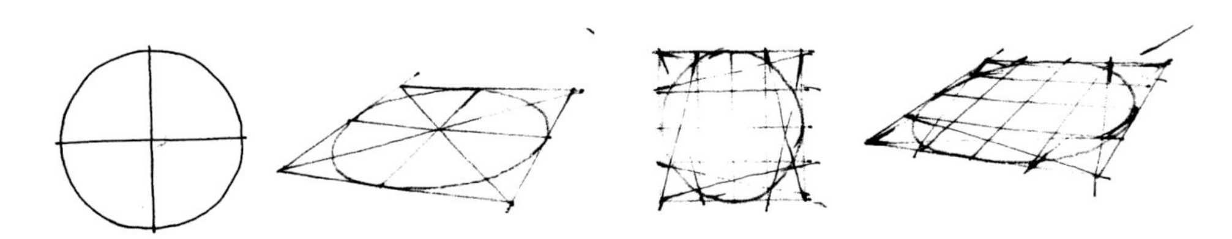

圆形的训练

## 三、体的训练

体的训练有助于理解造型与空间的关系，建立立体形象思维框架。

### 1. 单体训练

方形物体的垂直线在一点透视及两点透视中保持竖直不变。

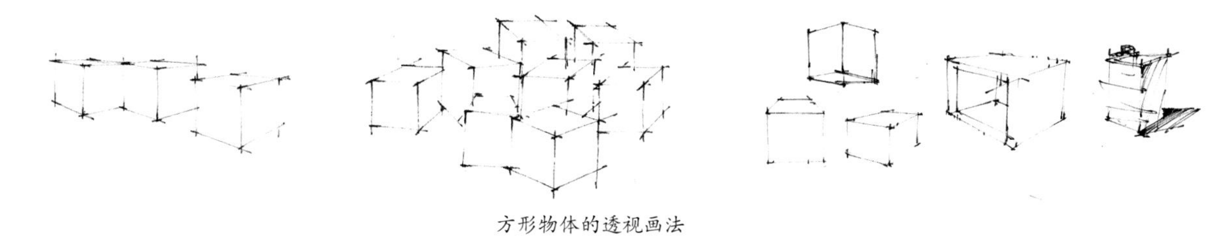

方形物体的透视画法

单体明暗训练，调子要强烈对比，高度概括夸张。

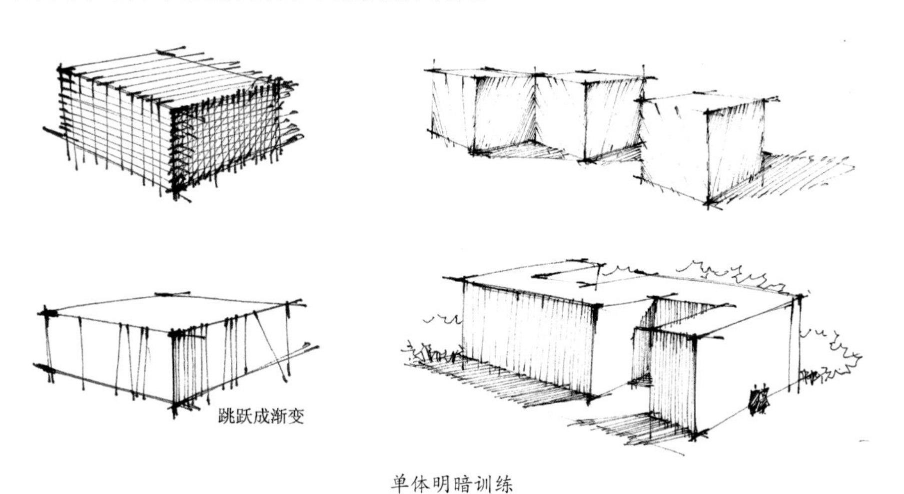


单体明暗训练

可用轴测图的形式进行训练，轴测立方体的边与边是平行关系，这样有利于我们检验和把握立方体的准确度。

单体训练中需注意造型要准确，线条要简洁、流畅。

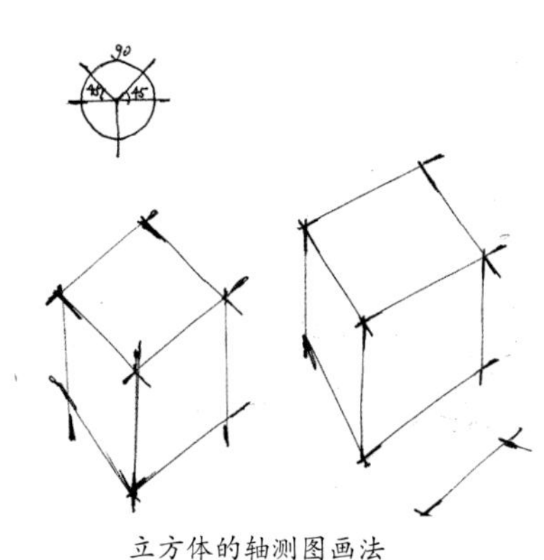

立方体的轴测图画法

## 2. 单体组合训练

针对建筑体量和空间组合进行训练。掌握物体之间的空间组合关系。

在熟练掌握单个立方体以后，可进行立方体的排列组合练习。

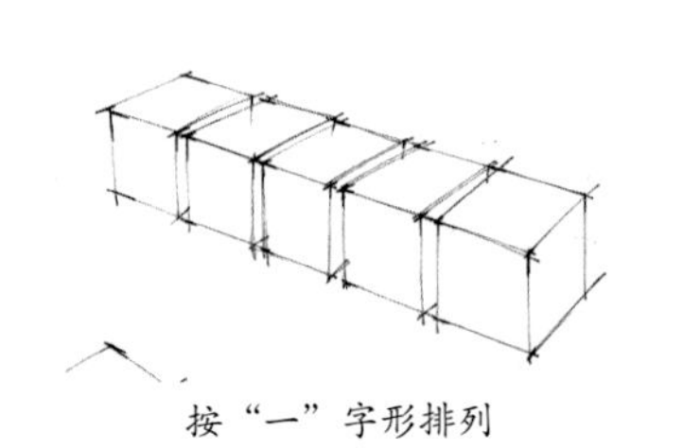

按"一"字形排列

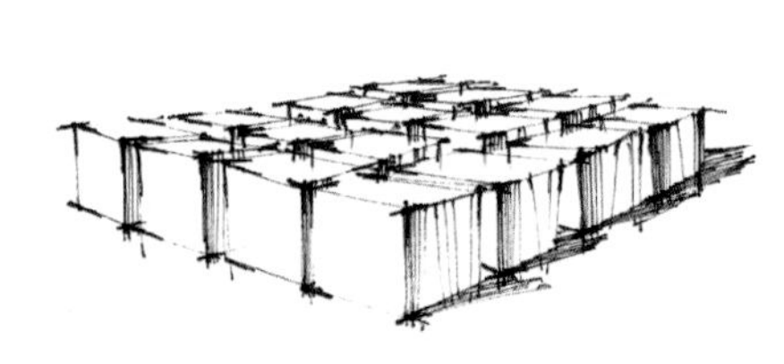

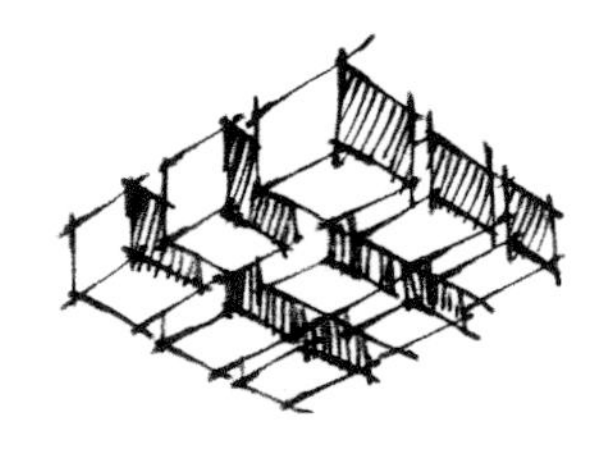

按矩阵式排列

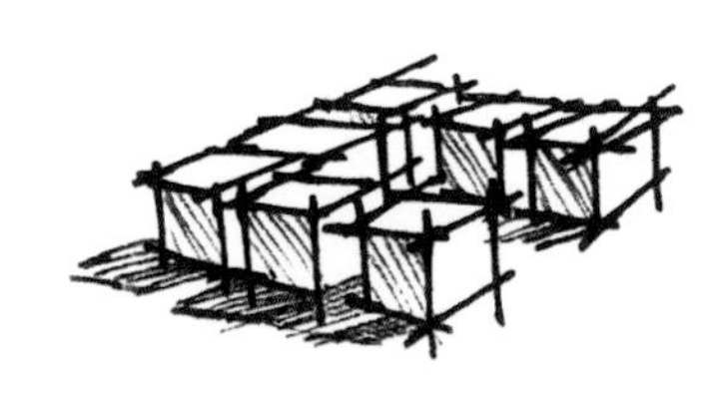

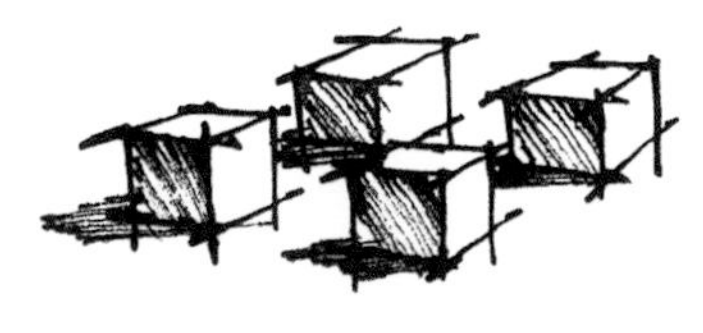

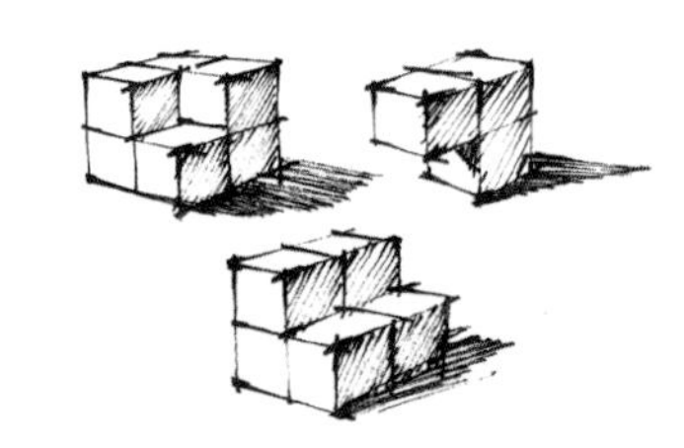

"图形"延伸练习

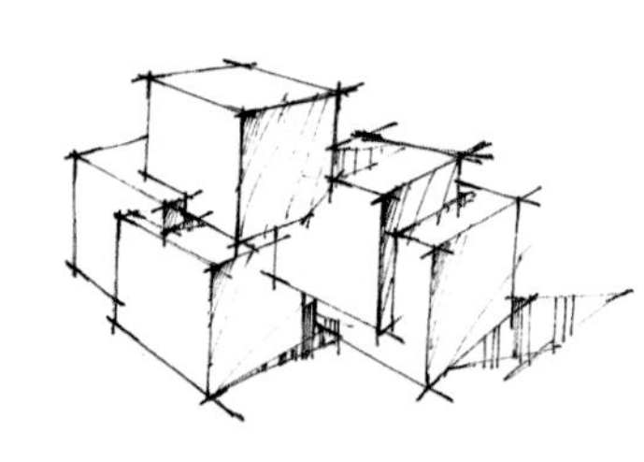

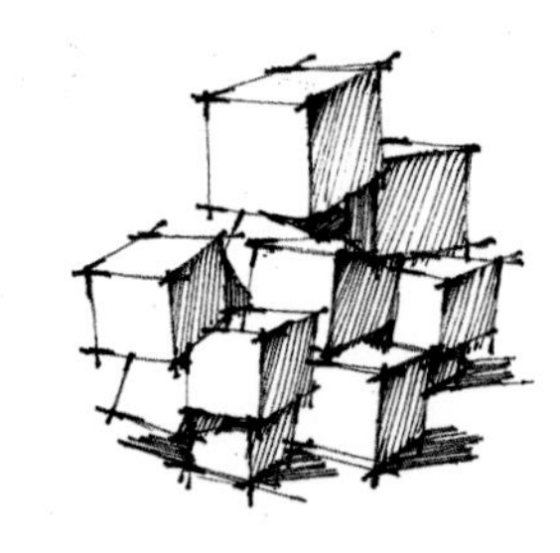

造型穿插练习

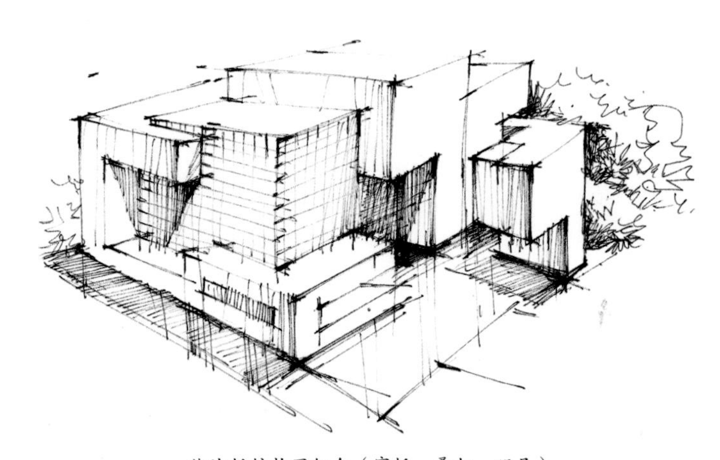

体块插接构思组合（穿插、叠加、凹凸）

# 第三节 色彩的基础训练

在建筑手绘图中，要真实地表现建筑形象及它所处的环境，就离不开色彩。建筑表面的色泽、质感、肌理也都是通过颜色表现出来的，所以色彩的掌握对于手绘至关重要。

## 一、色彩的基本知识

色彩可以分为无彩色和有彩色两个部分。无彩色是黑色、白色及二者按不同比例混合而成的灰色系列，简称黑、白、灰。无彩色系只有明度属性，它们不具备色相和纯度。有彩色是指可见光谱中的红、橙、黄、绿、青、蓝、紫七种基本色，以及色与色按不同比例调出的五颜六色的颜色。彩色系具有三个基本要素：色相、纯度、明度。

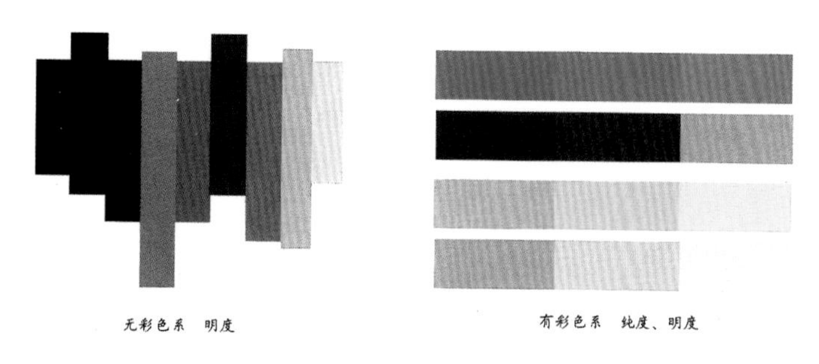


无彩色和有彩色

色彩的冷暖、对比和调和：橙、红、黄为暖色，绿、蓝、紫为冷色；色环中处于相对位置的色彩，互为补色，由于它们之间没有共同的因素，所以可以起到对比的作用，因此又称对比色；而邻近的色彩，含有较多的共同因素，故为调和色。

色彩能够影响到人们的心情及周围的气氛，成为感情迸发或行为发生的导火索，人们面对"焦急"的色彩气氛时，就容易"发怒"；面对"愉快"的色彩气氛时，就容易外出走动；面对"恬静"的色彩气氛时，就容易变得懒洋洋。传统的建筑色彩，往往墙壁暖色调、高亮度、低彩色度，地面的暖色调、低亮度、低彩色度。

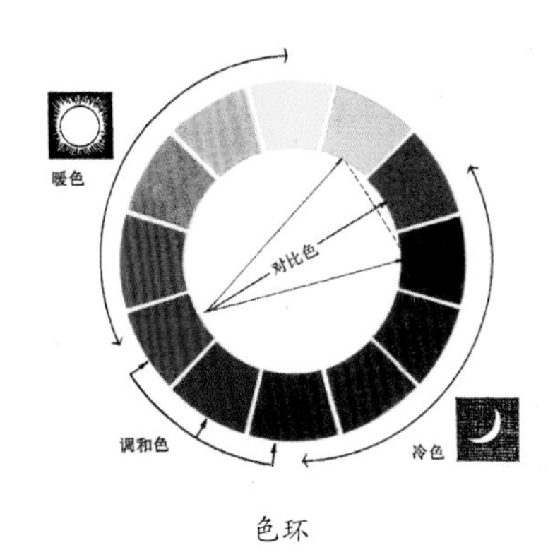


色环

## 二、建筑设计的常用配色

### 1. 从色相考虑

从色相考虑建筑配色主要有同一色相配色、类似色相配色、对比色相配色、冷暖色配色。

**（1）同一色相配色**

即同种色相不同明度的配色。这样的两色并列，邻接的边缘处明者更明，暗者更暗。如果是平涂的色块，还会显示出自衔接的边缘分别向各自一方形成色彩明度渐变的效果。同一色相配色给人以简洁、高品质的印象。

同一色相配色（李涛作品）

**（2）类似色相配色**

即用含有共同色相元素的类似色的进行配色。如柠檬黄、中黄、土黄和黄绿，各自都含有黄色元素，属于类似色。类似色同时出现，会色相差异减弱而趋向明度对比效果，色彩不如原来鲜明，但调和统一，具有亲切自然的感觉。

类似色相配色

（3）对比色相配色

色环直径两端的两色称为“对比色”，对比色配色效果鲜明强烈，但如配置不善，则会流于鄙俗。应该在色彩的分量、纯度、明度等方面进行适当变化，使其在对比之中又令人感到和谐自然。对比色又有豪华、活力之感，颜色醒目独具美感。

对比色相配色

### （4）冷暖色配色

通过对比，冷色更显冷，暖色更显暖。运用冷暖色对比，两色宜有主有从，并以明度纯度的不同加以协调。

冷暖色的对比（李涛作品）

冷暖色的对比（李涛作品）

### 2. 从明度考虑

将明色与暗色、深色与浅色并置，可以使明色更明，暗色更暗，深的更深，浅的更浅。在建筑手绘表现图中，运用明度对比能突出主体，并营造出画面鲜明生动的色彩层次和建筑环境气氛。

明度对比

### 3. 从纯度考虑

鲜艳的色彩同灰的色彩的对比，即是纯度对比。通过此种对比更能加强鲜明色的纯度。柔和沉着的画面，局部使用鲜明色能起到活跃提神作用。鲜明色为主的画面，同时使用小面积的灰性色，使鲜明色更鲜明，效果更明亮。

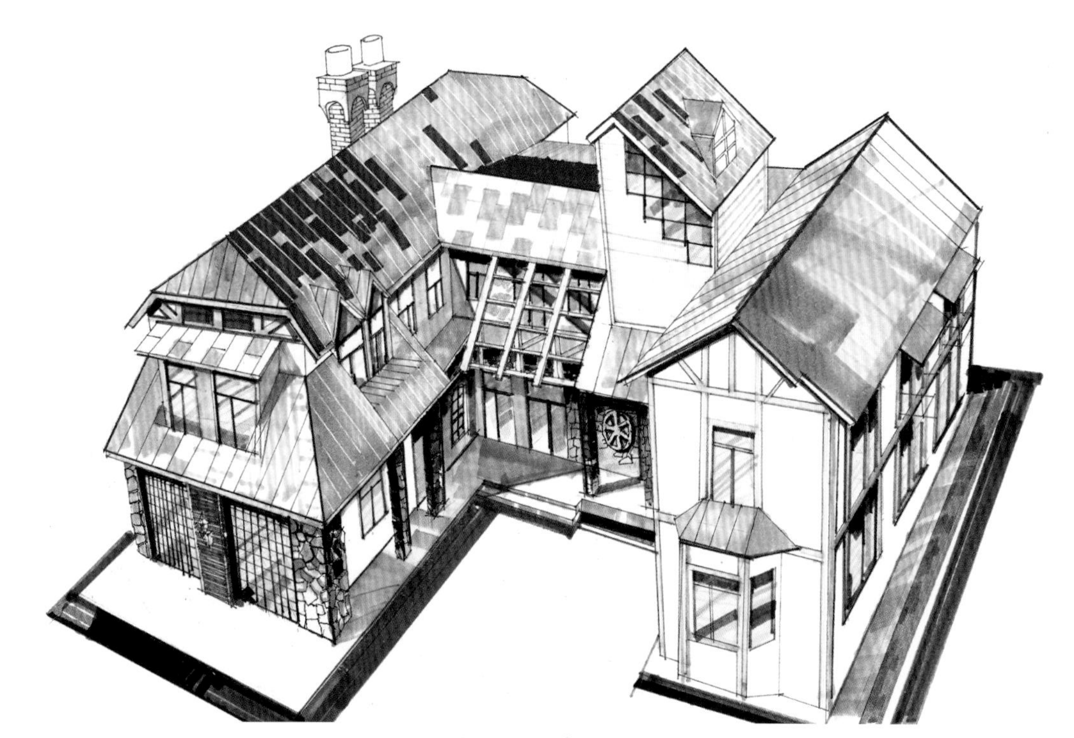

纯度对比（临摹王兆明作品）

**4. 从色量考虑**

用色面积要有大小主次之分，在大片的涂色中，用小面积的浅色或空白，在统一色调中采用小面积的对比，面积小的色彩引人注目，有画龙点睛之妙。

灵活恰当地运用色彩对比，突出主要部分，减弱次要部分，可达到用色少而色彩丰富的艺术效果。但乱用对比，不抓主要矛盾，不分主次强弱，则会喧宾夺主、杂乱无章。在建筑表现图中，人们常常使用黑、白、灰等色作为过渡色，从而达到使对比色调和的效果。

色量的对比

### 5. 环境色的运用

在考虑建筑物的色彩时，一种能够担负底色作用的色彩就是环境色彩，这种色彩要与建筑色彩相调和。尽管环境是由多种色彩构成的，但会有一种主体色彩成为环境色，比如周围如果有绿化较好的公园，植物的绿色就是环境色；如果是在滨海，水色则为环境色；如果是在建筑物林立的市中心，大楼正面的墙壁色则为环境色。

环境色的运用（临摹“原创设计事务所”作品）

## 三、色调

这种色彩的总体倾向即是，是大的色彩效果。物象各种颜色的组合，由于光线、空气和环境等影响，产生既有变化而又和谐统一的色彩总体倾向。色调，一个建筑通常包括基调色、配合色、突出色。

在建筑的色彩设计中我们根据建筑所需塑造的形象来选择建筑外观的基调色；配合色可选择与基调色明度差别不大的类似色相，对于压檐墙也要采用相同颜色，其他配合色基本采用无颜色的、不醒目的配色；突出色自由度较高，通常采用高彩度色，使建筑物的整体印象丰满。

基调色——蓝色；配合色——绿色、灰色；突出色——黄色

基调色——土黄色；配合色——灰绿色、冷灰色；突出色——黄色

## 第二单元

# 入门篇

# 第四节 建筑透视

建筑透视图是遵循透视法则在平面的纸上表现立体建筑的图纸，它能比较真实地再现设计师预想的方案。掌握基本的透视图法则是绘制透视图效果图的基础。

## 一、透视基本原理

① 视觉安定区域

根据人眼的生理条件，视觉区域最佳夹角一般不小于60°。

② 立点 SP

也称停点，是作画者停立在某点不动而画之意。

③ 视点 EP

作画者眼睛的位置。

④ 视高 EL

从视点 EP 到立点的地面点为视高，视高一般与视平线同高。

⑤ 视平线 HL

视平线必定通过视中心并与视点同高。

⑥ 灭点 VP

从作画者一直延伸到视平线上，通过物体的所有视线的交叉点（消失点）称灭点。

⑦ 画面 PP

物体与作画者之间的位置。

⑧ 中央视线

从视点到视中心的线称中央视线。

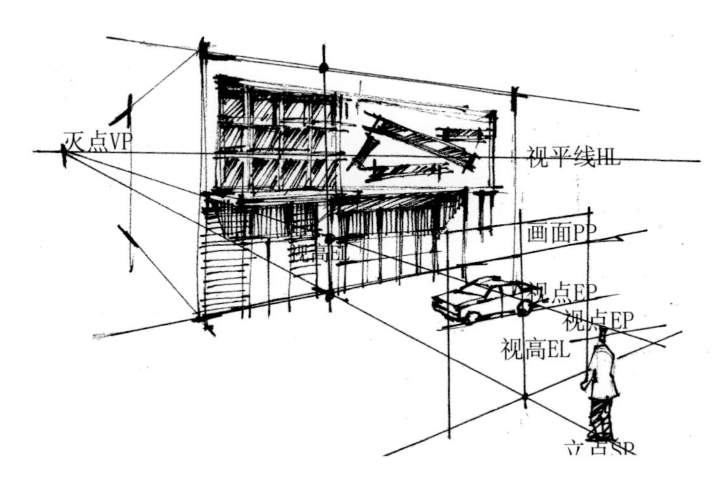

## 二、透视种类

建筑设计经常使用的透视图画法有以下几种。

### 1. 一点透视

又称平行透视，其特点是：物体之一面与画面平行，其他面垂直于地面，只有一个灭点。由于在画面中只有一个灭点，透视关系及作图较为容易，作为建筑手绘图的起始阶段可采用。一点透视纵深感强，具有庄重、平静、完整的特点，这种透视常用于边线对称性建筑。

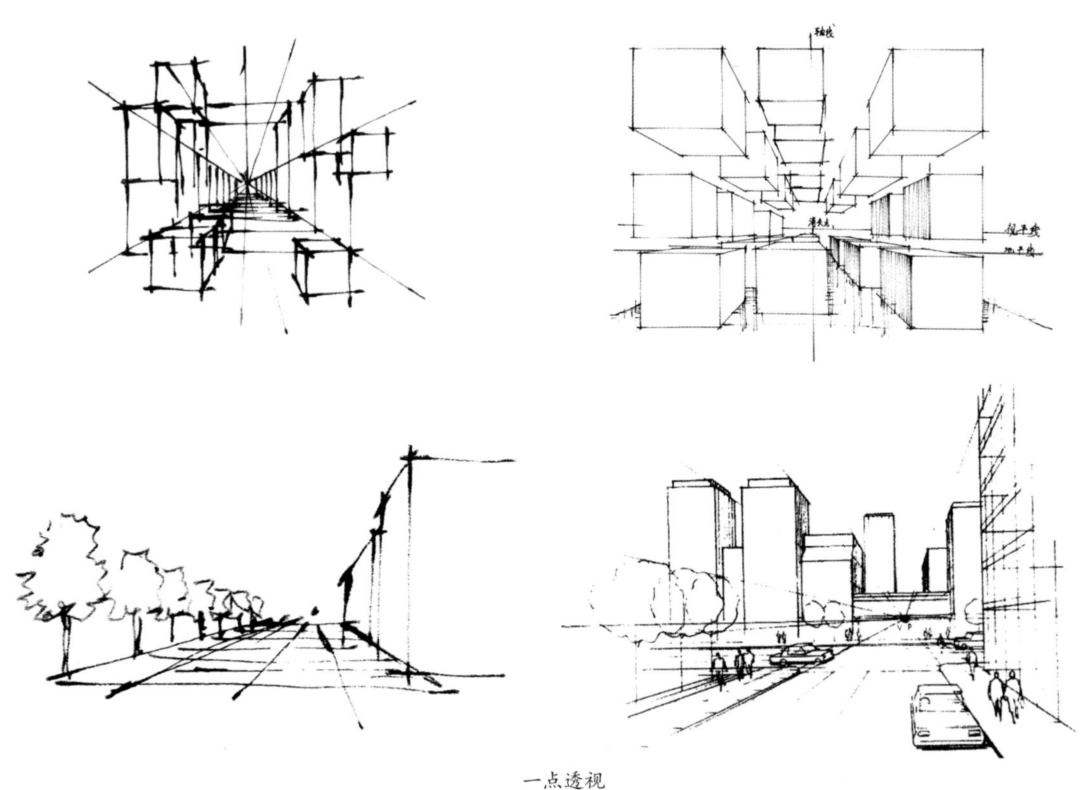

一点透视

### 2. 两点透视

也称成角透视，是指物体有一组垂直线与画面平行，其他两组线均与地面成某一角度，而每组各有一个灭点，共有两个灭点。两点透视更接近人眼的观察效果，较为生动，在建筑效果图的表现中有最广泛的应用，如赖特的“小型私人俱乐部”设计方案。

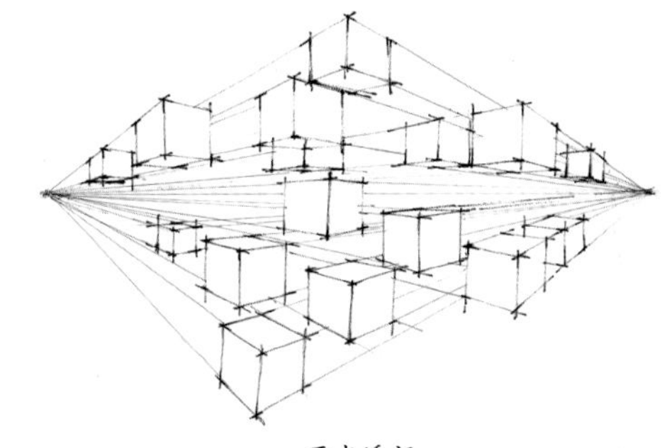

两点透视

赖特的“小型私人俱乐部”透视图

### 3. 鸟瞰图

视点高、视角大，有利于表现设计意图，视平线两点透视的不同在于前景的画面中有两个灭点，两点透视有比较宽大的视角，可根据两个灭点的远近调整建筑景物的尺度及大小。如赖特的“刘易斯住宅”设计方案。

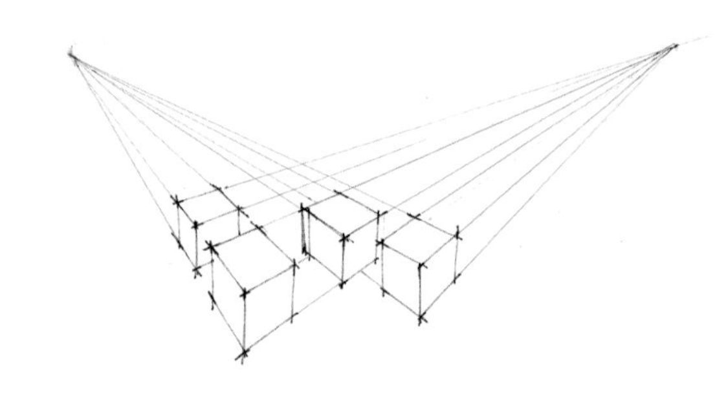

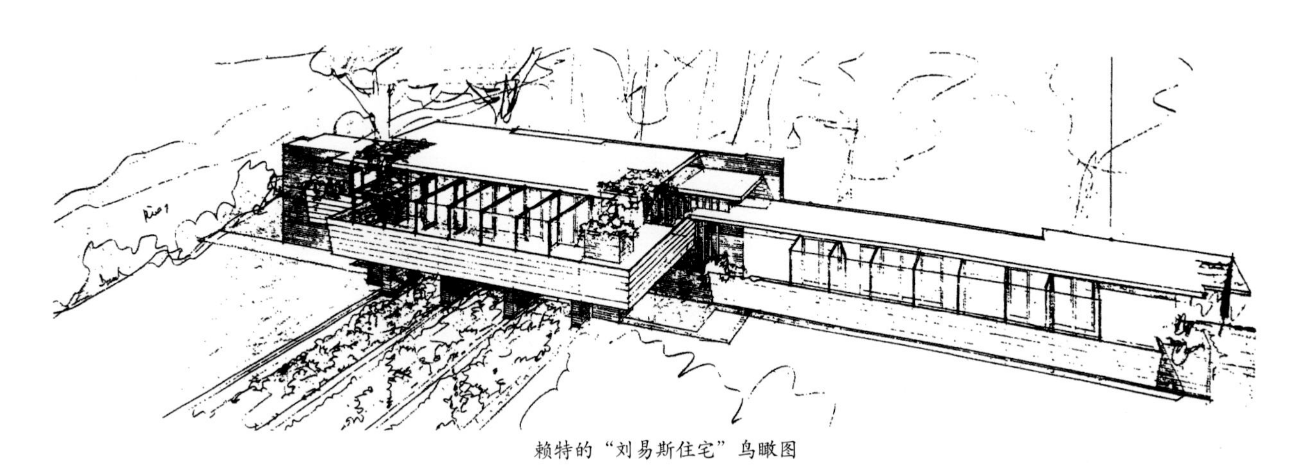

赖特的“刘易斯住宅”鸟瞰图

### 4. 三点透视

物体与地面倾斜，任何一条边不平行与地面，其透视分别消失于三个灭点。三点透视有俯视与仰视两种。俯视图多用于描绘大型建筑环境场景的鸟瞰图；仰视图多用于表现高大的建筑物。

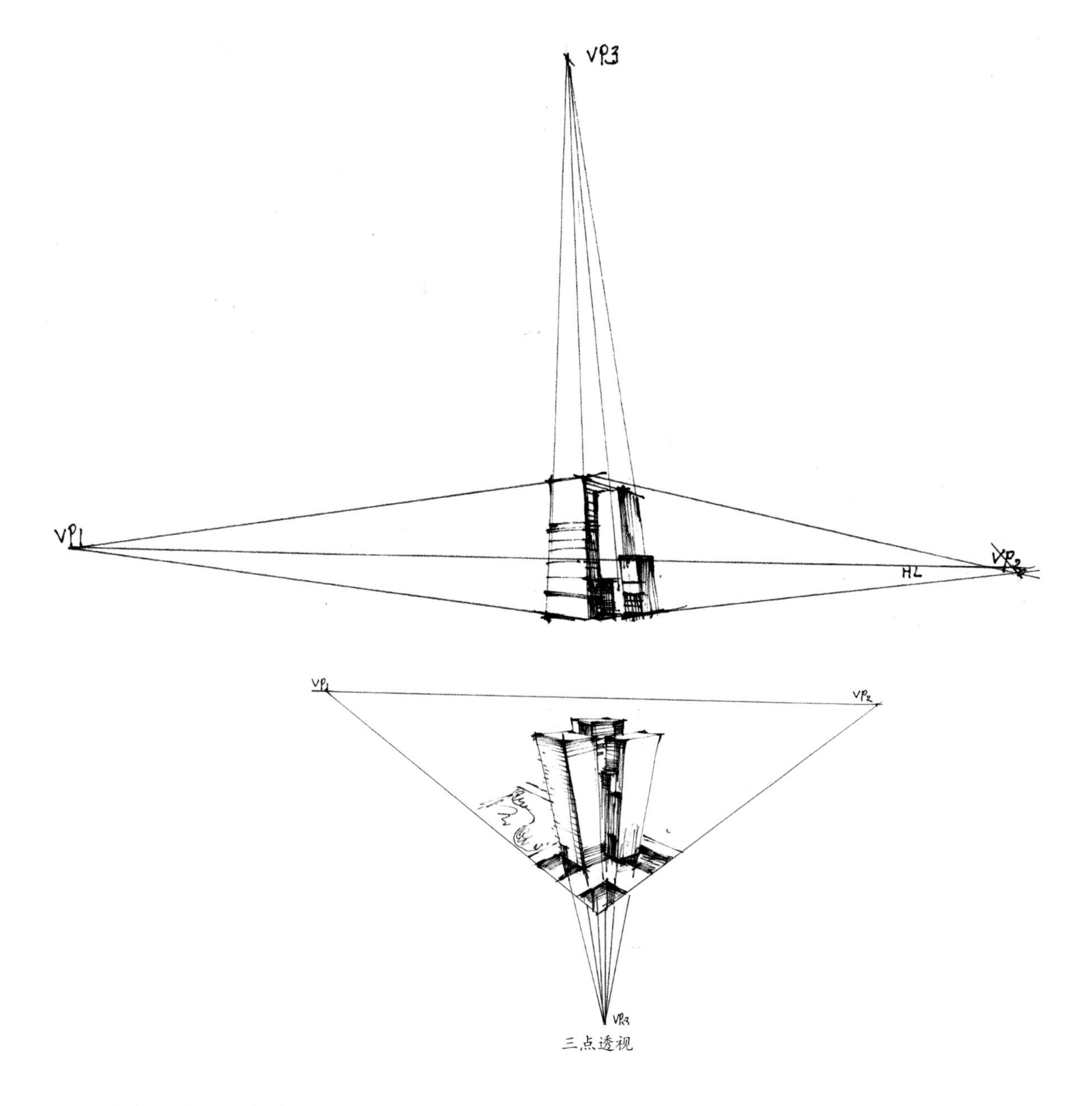


三点透视

## 三、绘制透视图的技巧

### 1. 视距运用技巧

一幢建筑物，我们可以从近处去看它，也可以从远处去看它。近看与远看，在透视作图上表现为视点与对象距离（或称视距）的不同，其效果也显然不同。从下图中可以看出：视点与对象的距离愈大，消失点就愈远，建筑物的檐口线就愈平缓，立面就展开得愈大；反之视点与对象的距离愈小，消失点就愈近，建筑物的檐口线就愈倾斜，立面就展开得愈小。

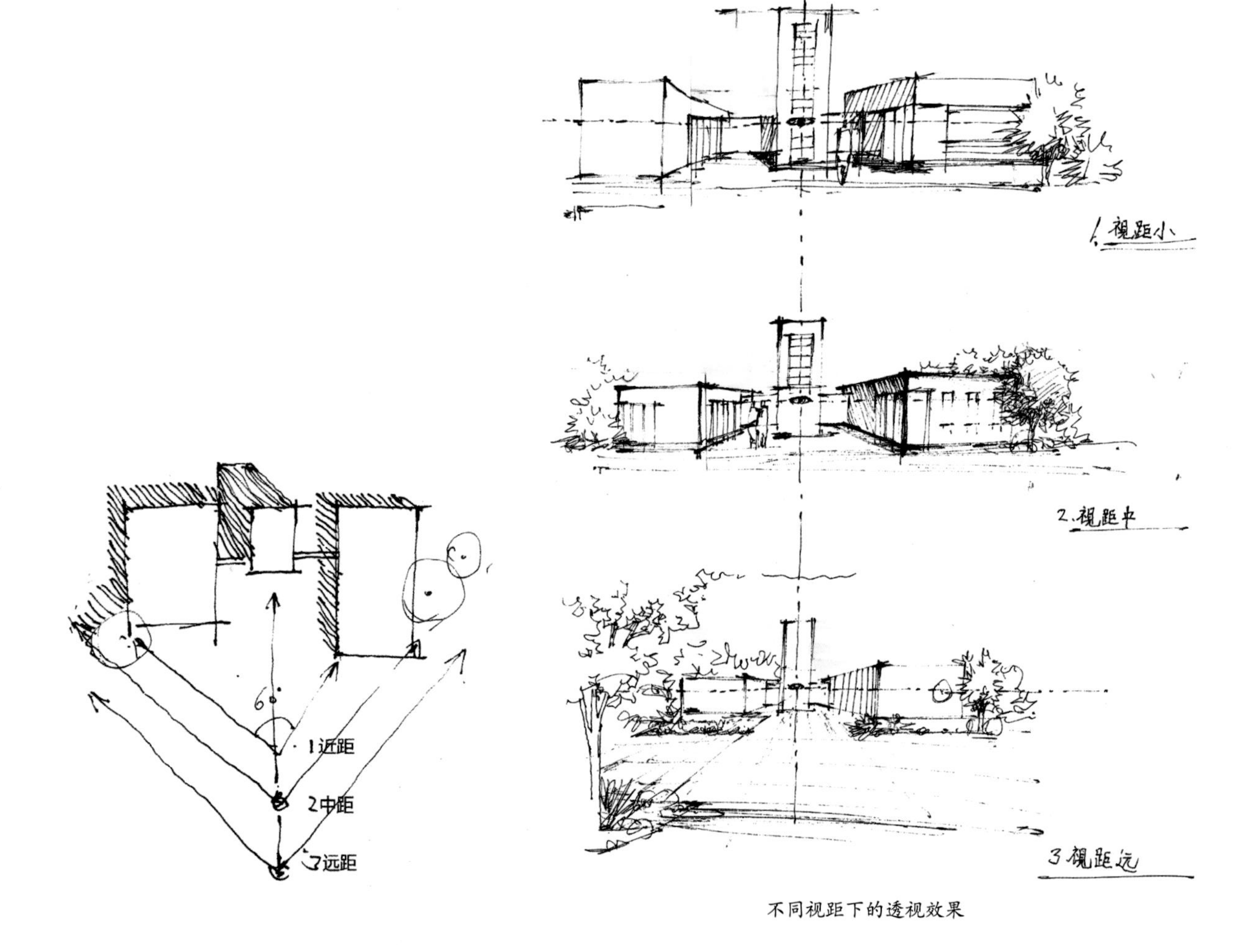

不同视距下的透视效果

一般来讲，视距愈大，建筑物的透视给人的感觉愈平缓，但也不是说视距愈大效果就愈好，如图视距过大，则图中透视现象的特征就会逐渐消失而接近于正投影；反之，视距也不能太小，因为人的视觉范围是有限的，如果视点太近，在实际上我们将无法看到建筑物的全部。

**2. 视平线的运用技巧**

透视图视平线高度的控制与表现主体之间有极大的关联。视平线的高度取自于人在直立状态下平均的身高，通常是 1.5 ~ 1.8m 之间，在这个范围之间的视高画出来的透视图，空间感较真实。

从下图可看出：

① 视平线愈低，建筑物檐口线愈倾斜，能给人高大雄伟的感觉；

② 一般常见的透视，多假定视平线与人的高度相等，其透视效果比较平易近人；

③ 当视平线很高时，所产生的是鸟瞰的效果，能展现出建筑全貌。适合表现群体建筑的布局与组合。

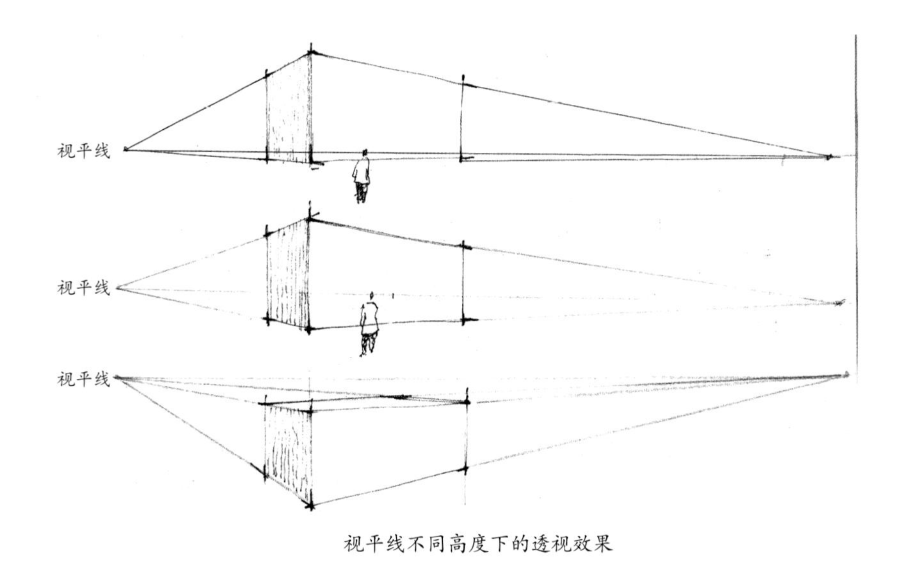

视平线不同高度下的透视效果

## 第五节 建筑平面图向透视图的基本转换画法

平面图转化为透视图，要依据平面图的轮廓、形状、大小等。假定由六个正方体组成的建筑形体，当我们要根据平面图画透视的时候，首先必须明确以下几个条件。

① 建筑形体与画面的夹角（即图中的 $\theta$ ）

② 视点与画面的距离

即 $SA$ 的长度，一般来讲视点 $S$ 都是在由 $A$ 点引出的，并与画面相垂直的直线之上。

③ 视点的高度。

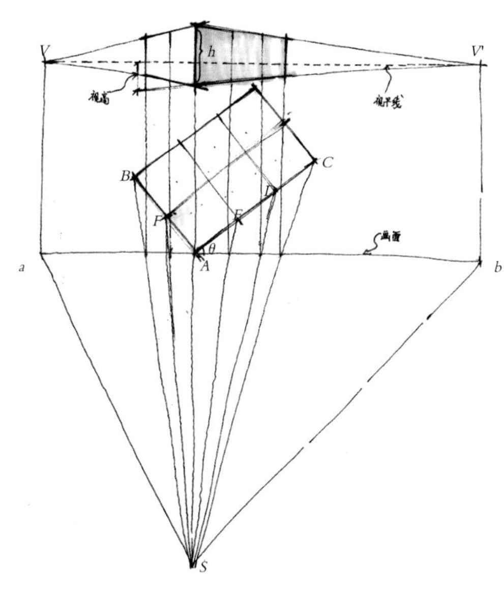

建筑形体与画面的夹角

已知以上三项内容后，平面图转化为透视图的具体方法如下。

自$S$点分别作与$AB$、$AC$相平行的线，并与画面相交得出两个点$a$、$b$，再把这两个点投影到视平线上，就可以画出焦点$V$及$V'$。然后自$A$点向上投影，假定建筑形体的高度为$h$，使$h$的下端落在地平线上，这样，若把$h$的上下两端分别与$V$、$V'$相连，即得出建筑体上下两个边的透视。剩下的问题就是如何确定建筑形体的透视长度及其内部的分块线。这时，我们可以连$SB$、$SC$，并自这两条线穿过画面与其相交的点向上作投影线，从而确定建筑形体的透视长度。确定内部分块线和确定透视长度的道理是一样的，假如连$SD$、$SE$、$SF$，自这些连线与画面的交点向上作投影线，即可确定$D$、$E$、$F$点的透视位置，也就是说可以做出建筑体内部的分块线。

下图是平面图转透视图实例。

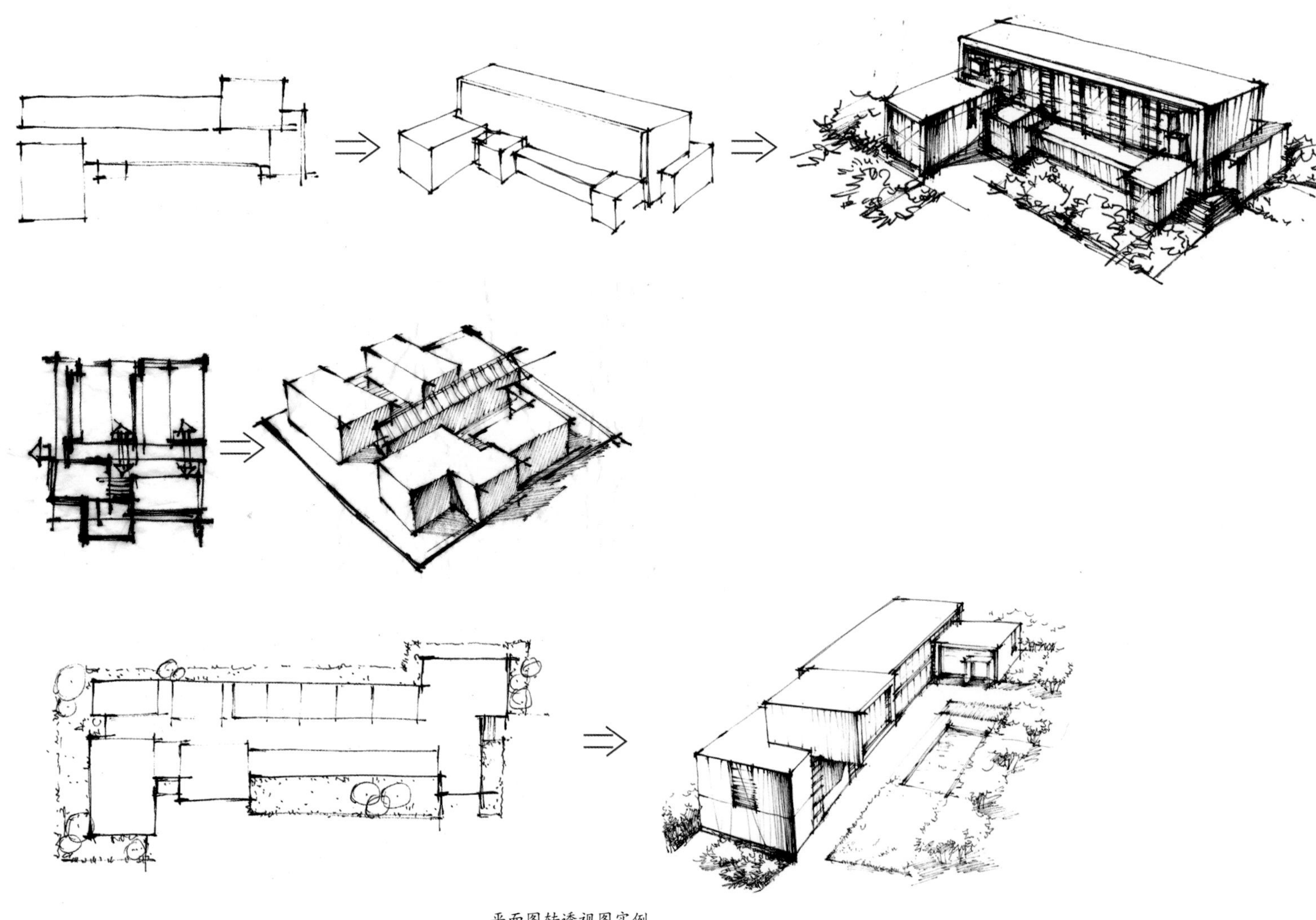

平面图转透视图实例

# 第六节 建筑构图的训练

## 一、常用的建筑构图形式

### 1. 横向式构图

适合表现多层建筑，有平稳之感，使空间显得开阔舒展。

横向式构图

### 2. 竖向式构图

适合表现高层建筑，有挺拔且有气势之感。在表现时，地平线要放低，以突出主体建筑，为避免构图的呆板，地平线不能放在画幅二分之一的位置上。

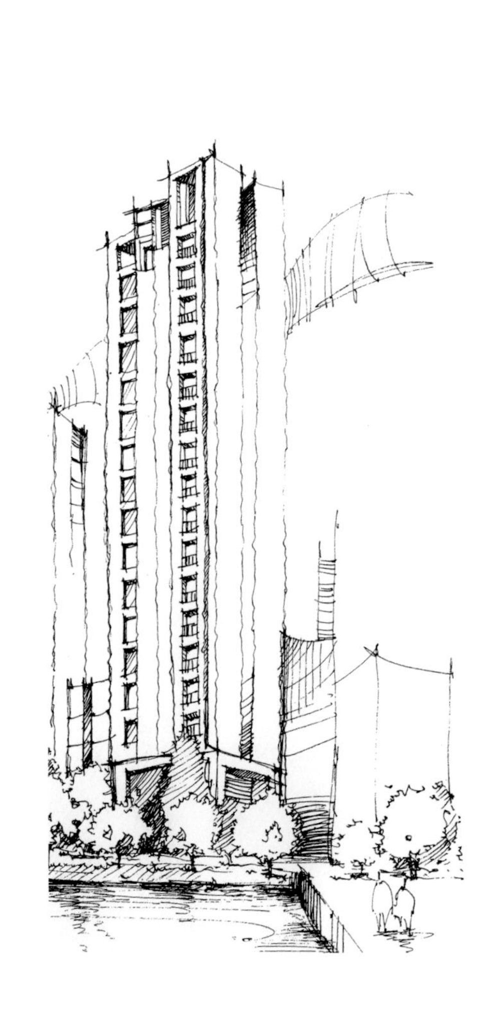

竖向式构图

## 二、常用的建筑构图表现方法

### 1. 突出主体

主体画面要有重点，画面中心位置要细致刻画，突出光影和材质。附属物要相对简化，在形体、空间位置、明暗关系上要衬托出主体建筑。

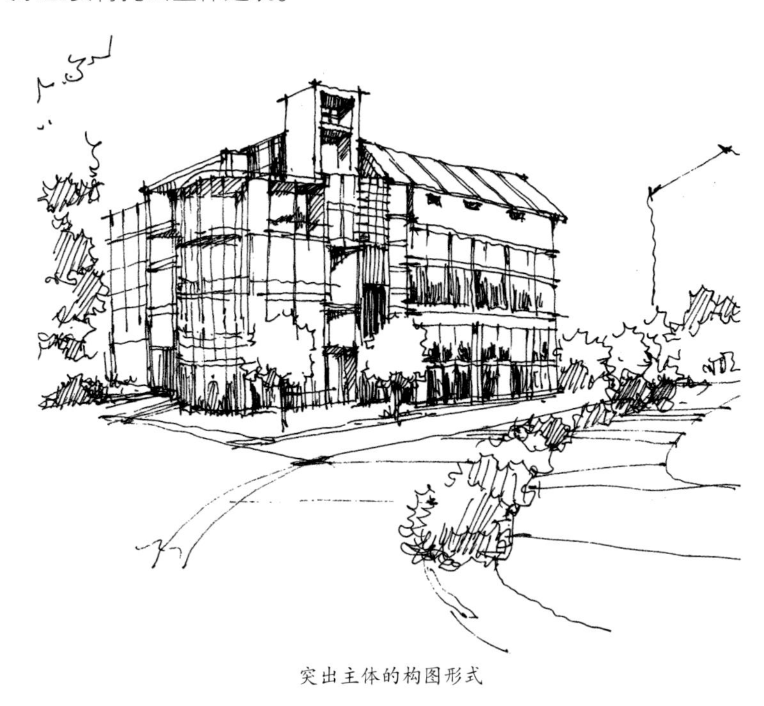

突出主体的构图形式

### 2. 保持均衡

均衡包括对称均衡和非对称式均衡，有安定、稳重、庄严之感。

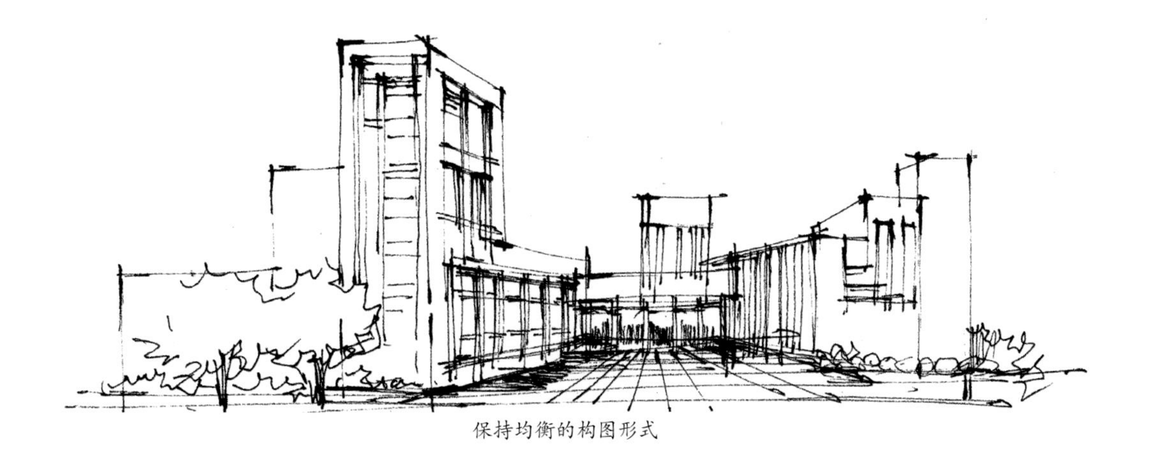

保持均衡的构图形式

### 3. 形式美法则的运用

建筑手绘线条的组织形式要体现出节奏与韵律、对立与统一、疏与密、聚与散、收与放、断与连、对比与调和、整体与局部、主与次、虚与实。具体来说，可以远景用虚线画出大体轮廓;近景由浅到深，层层深入抓住主要的东西，减弱或放弃次要的东西。

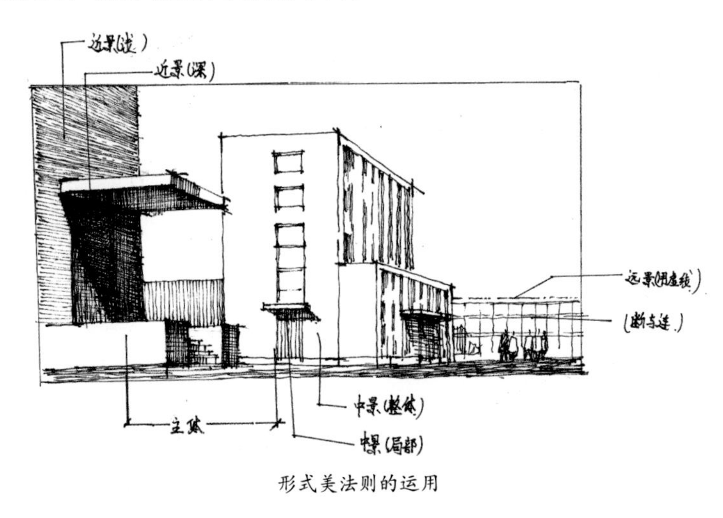


形式美法则的运用

## 三、建筑手绘图构图易出现的问题

主体的位置安排要根据题材的内容而定。一般情况下，它在画面中的地位不要太偏，也不要四平八稳地摆在中央，构图时可按位置线方法，即将图画横向和纵向进行三等分，在画面上形成相交成井字的四条纵横线，把主体放在其中两根交错线上。这样的布置，主体既不居中也不太偏，使人感觉主体明确，画面自然。

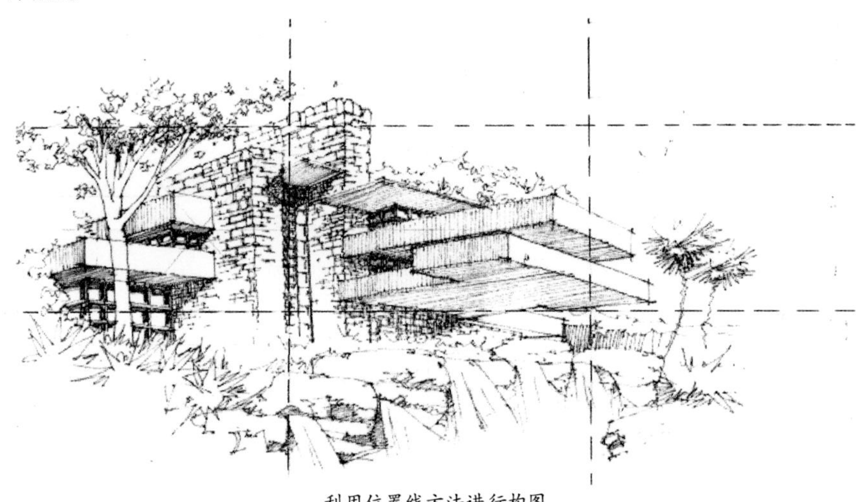

利用位置线方法进行构图

在画面内容的表现上，建筑物过大画面太小，给人以拥挤局促的感觉；画面太大，建筑物过小，会使画面显得空旷而不紧凑。

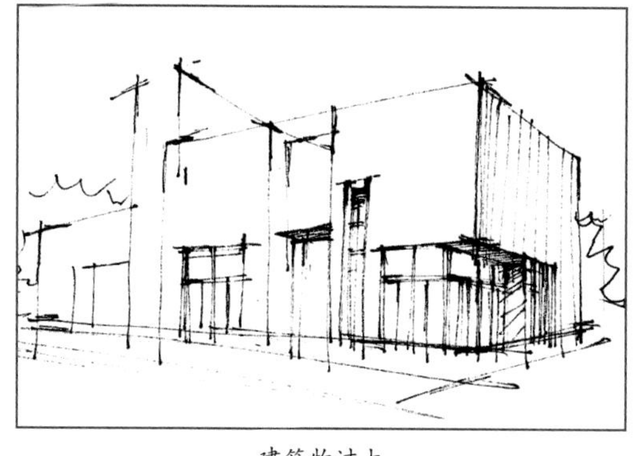
建筑物过大

建筑物过小

建筑物大小适当

建筑的位置过于居中呆板，但也不宜太偏。

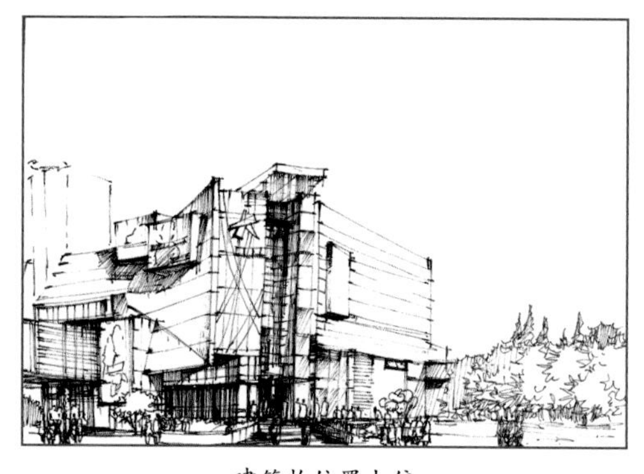
建筑物位置太偏

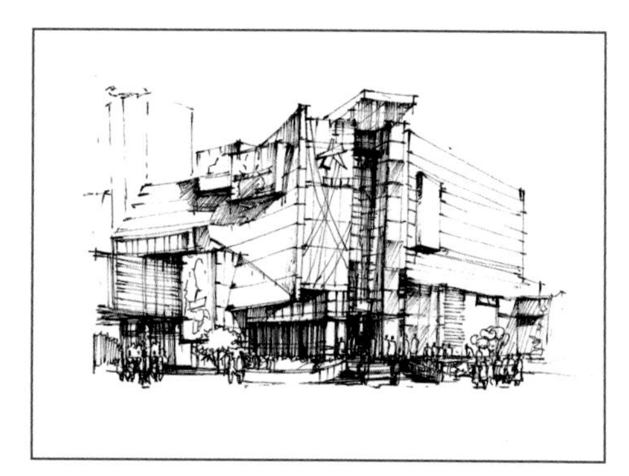
建筑物位置过于居中

建筑物位置较合适

地平线的高度会影响画图中地面的大小，平视图地面不宜过大或过小，因为过大过小会使面或天空显得空旷、单调。

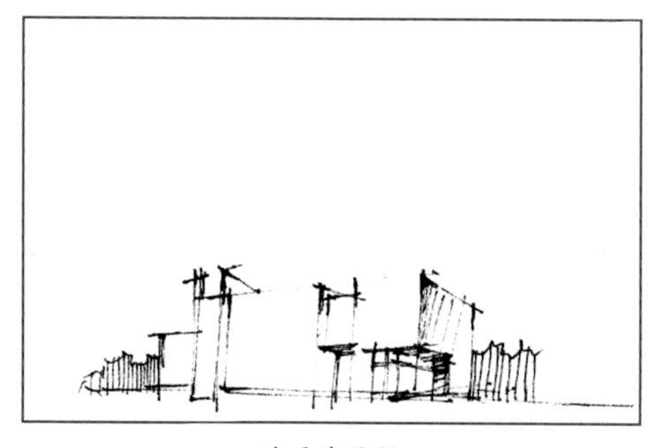
地平线偏低

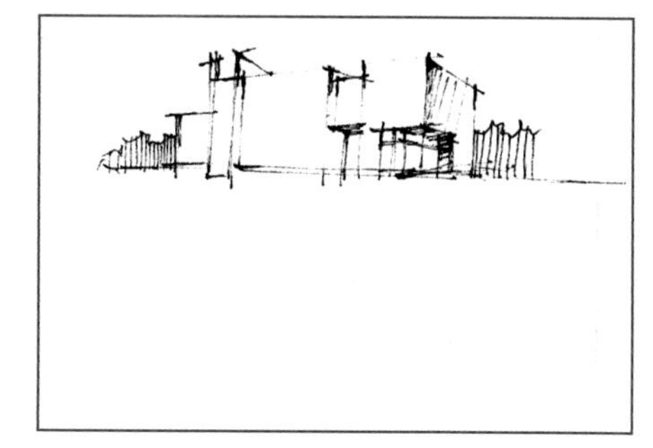
地平线偏高

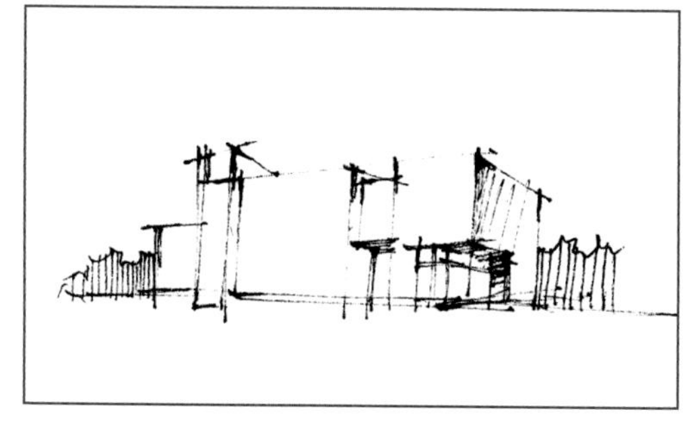
地平线合适

配景设计会影响到画面的构图，若在画面的中央画上一棵树，将会把画面分为两块，从而破坏了画面的完整性和统一。如果在画面的两端画上两棵同样大小的树，也会使人感到呆板和过于匀称，从而影响画面的统一，往往会在画面的两端画两棵不同大小的树，并将其中一棵作为近景树。

配景的应用

## 第七节 常用的建筑明暗处理方法

首先要考虑的是背景天空的深浅，根据深托浅和浅衬深的原则，对于浅色的建筑物，可以考虑采用深色的背景。

深色的背景衬托浅色的建筑

对于深色的建筑物可以考虑采用浅色的背景。

浅色的背景衬托深色的建筑

对于部分深色的建筑物，可以考虑采用中间色调——灰色作为背景。

中间色调背景衬托深色的建筑

对于画面中有最亮、中间和最暗等三种色调时，色调应当有适当的比例和良好的组合。

适当的色调组合

# 第八节 马克笔基础技法

## 一、马克笔基本笔法

马克笔最重要的不是颜色，而是笔触。笔触排列要均匀、快速。一笔接一笔不要重叠，用力一致，不用太拘谨。表现的物体不同，用笔也不同，要发挥笔头宽窄面的特点。

① 排线法：马克笔笔触排列要均匀、快速、一笔一笔不要重叠，用力一致，笔触粗细长短相同。右图是笔触排线随意自然的组合和从紧到松的组合。

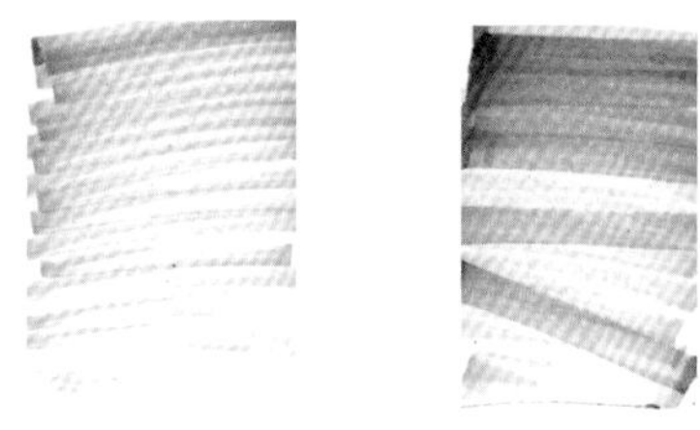

马克笔的排线方法

② 跳笔法：用笔要放松自如，不要太拘谨。快速排线时不要停顿，注意粗细变化。单色渐变可产生虚实变化，使画面透气、活泼。

马克笔的跳笔法

③ 留白法：用马克笔画物体的暗部也要所有余地，不可太满。

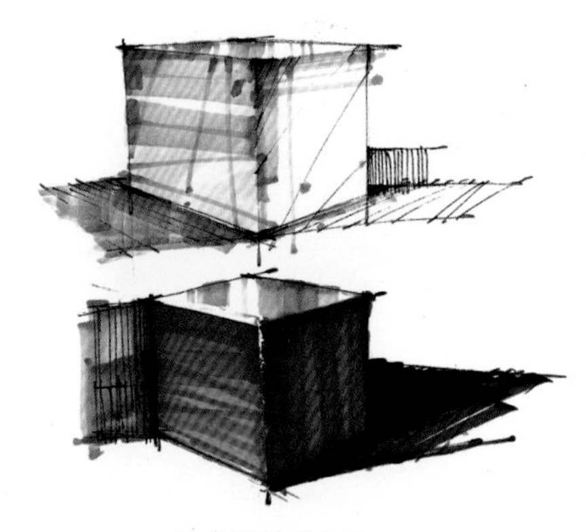

马克笔的留白法

④ 干画法：在第一遍着色完全干透后，再上第二遍颜色。这种画法给人干净利索、硬朗明确、层次分明的感觉，多用于表现轮廓清晰、结构硬朗的物体。

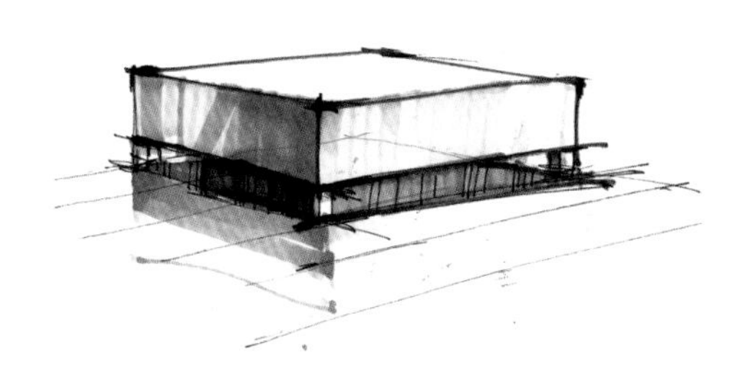

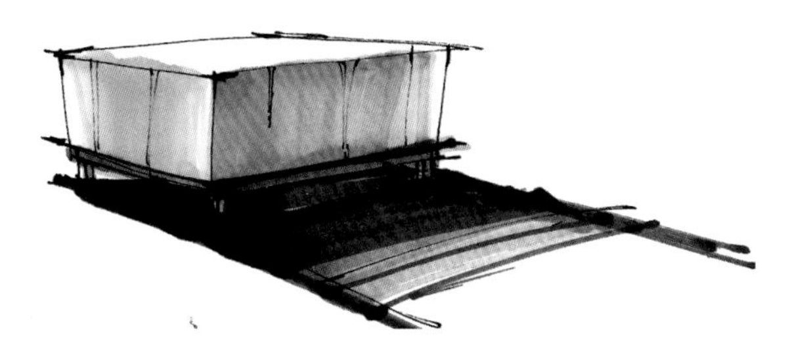

马克笔的干画法

⑤ 湿画法：在第一遍颜料未干透时，迅速上第二遍颜色。这种画法给人圆润饱满、含蓄清澈的感觉，多用于轮廓含混、圆滑的物体或者物体的过渡面。

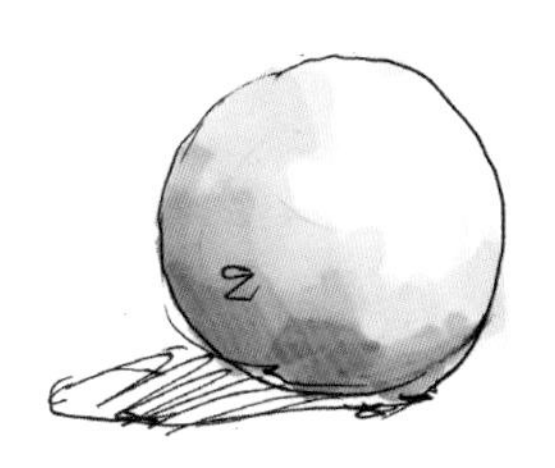

马克笔的湿画法

⑥ 干湿结合法：前面两种方法并用，这种画法给人生动活泼、丰富多彩的感觉，使用范围也更加灵活。

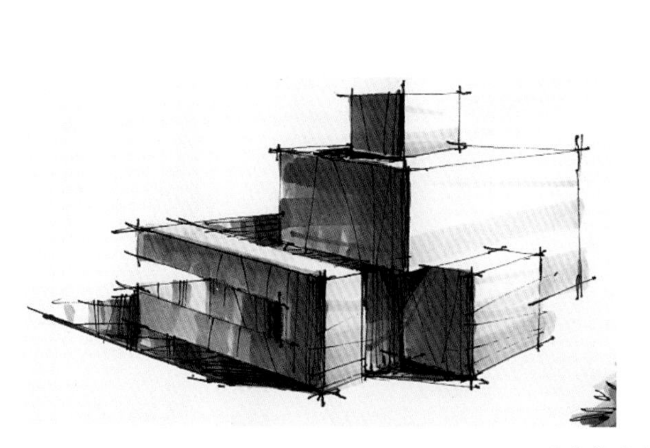

马克笔的干湿结合法

## 二、马克笔表现要则

① 马克笔虽然也能画出较完整的作品，但它更多地用于快速表现图和多种方案比较及现场出图等。

② 马克笔颜料挥发性很强，所以用后应及时封盖。

③ 马克笔的笔迹容易褪色不适合较长时间太阳直射。

④ 马克笔笔头有斜方型和圆型，可画出各种线和面。

⑤画纸应选用吸水性适当的纸。

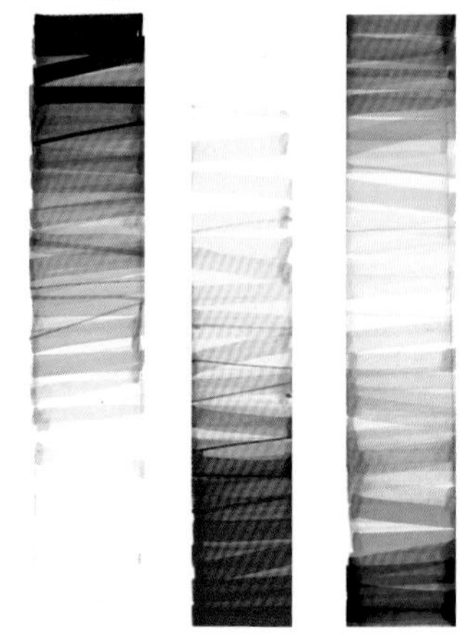

不同笔头的马克笔效果

# 第九节 彩色铅笔基础技法

彩色铅笔在作画时，使用方法同普通素描铅笔一样，用笔轻快，线条感强，易于掌握。

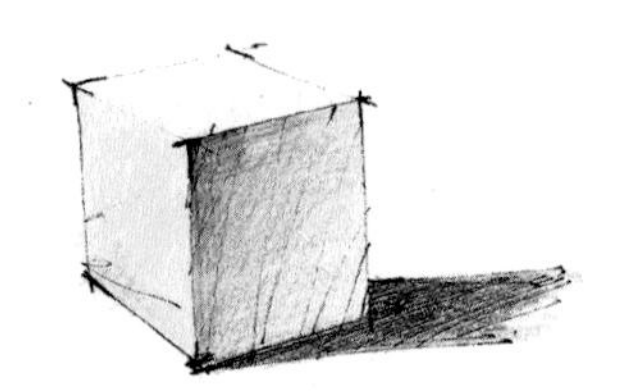

彩铅的绘制效果

表现时可徒手绘制，也有靠尺排线，要注重虚实关系的处理和线条美感的体现。

徒手及尺结合的彩铅绘制效果

在实际手绘表现过程中，彩色铅笔往往与其他工具配合使用，如与钢笔组合，利用钢笔线条勾画空间轮廓、物体轮廓，用彩铅着色。

运用彩色铅笔着色时常常与马克笔结合，运用马克笔铺设画面大色调，再用彩铅叠彩法深入刻画。

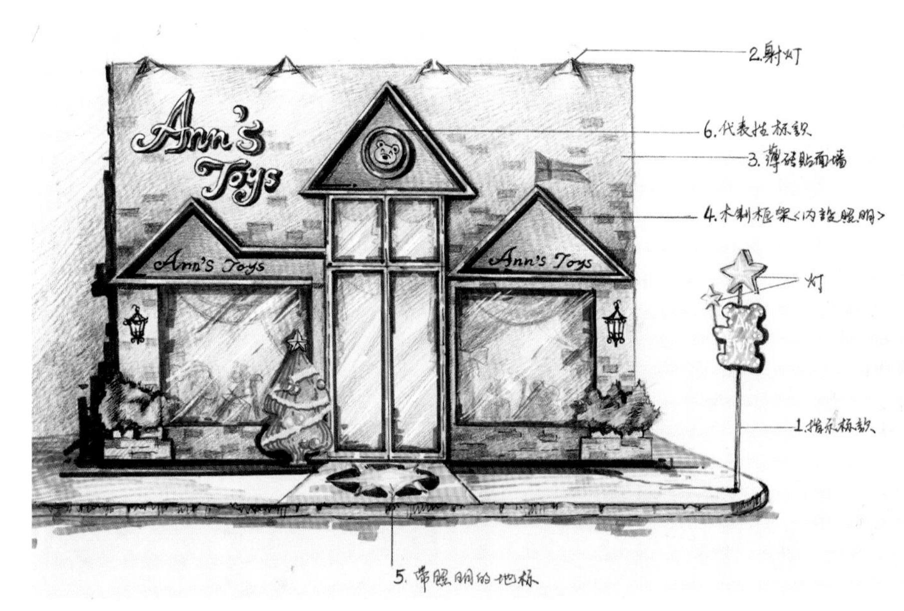


彩铅与马克笔结合的绘制效果

## 一、彩铅基本技法

### 1. 平涂排线法

运用彩色铅笔均匀排列出铅笔线条，达到色彩一致的效果。平涂排线法是体现彩铅效果的一个重要方法，很能突出形式美感，因为彩铅的笔触注重一定的规律性。使笔触向统一的方向倾斜，是一种效果非常突出的手法，不仅简单易学，而且很利于体现良好的画面效果。统一的笔触可以使画面效果完整而和谐。注意用笔力度能够发挥彩铅的优势，体现色彩和画面的明度层次关系。

平涂排线可以通过多次叠加排线或控制用笔力度来控制色彩的深浅。

平涂排线

平涂排线应用（李涛作品）

### 2. 叠彩法

运用彩色铅笔排列出不同色彩的线条，色彩可重叠使用，变化较丰富。对于彩铅来讲，无论怎样改变力度大小，靠单色进行涂染做出的效果都会是很呆板无味的，而我们使用彩铅进行表现，主要目的是要利用它的特性来创造丰富的色彩变化。因此在表现中，可以适当地在大面积的单色里调配其他色彩。

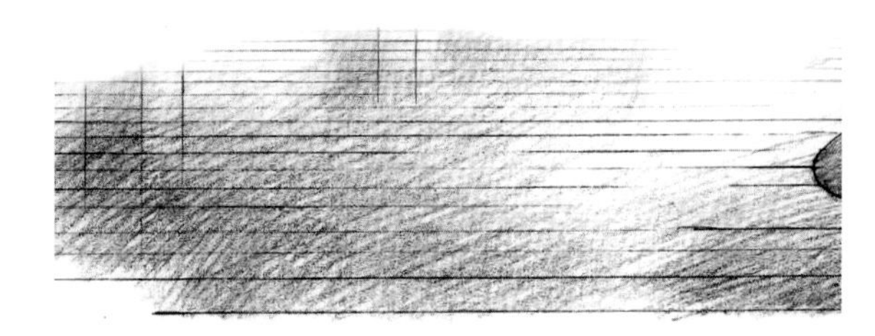

叠彩法

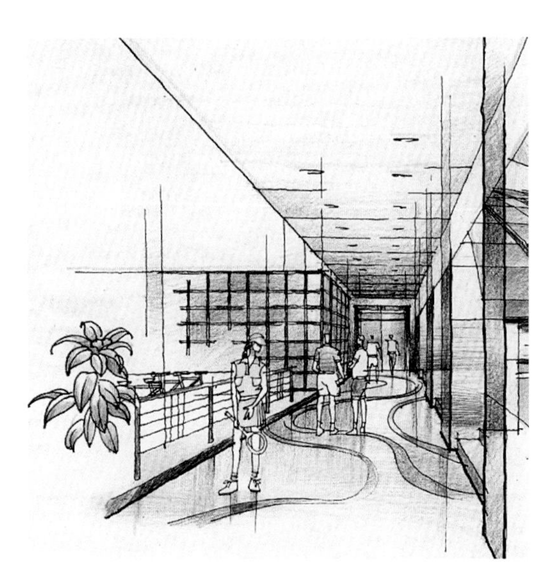

叠彩法应用（李涛作品）

## 二、彩色铅笔表现技巧

① 从最浅的色彩开始，逐渐增加较深的颜色。

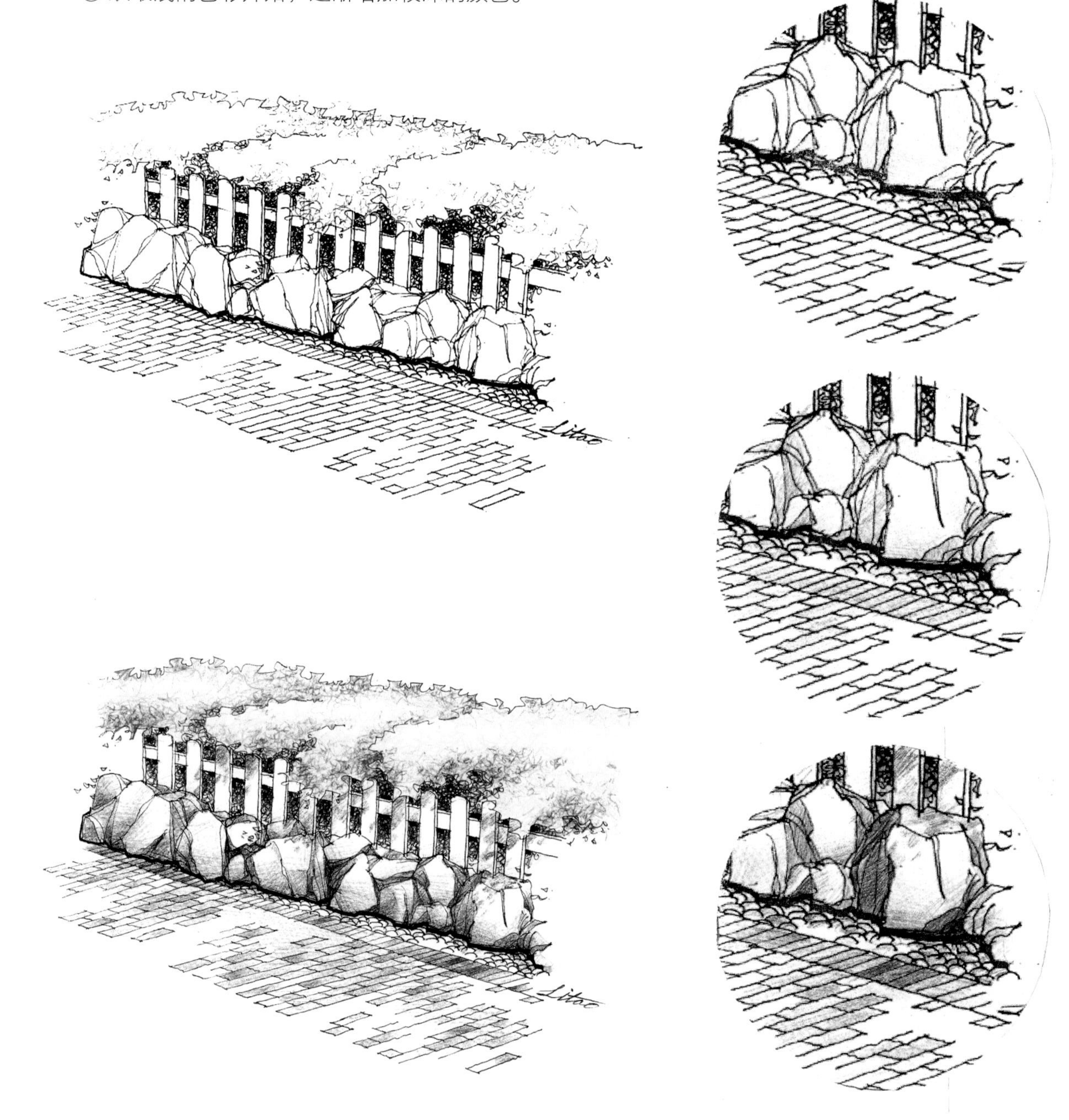

从浅至深的绘制（李涛作品）

② 使用表面比较光滑的纸张，能制造鲜明逼真的效果。

使用光滑纸张的彩铅效果

③ 使用对比色来增加画面活跃氛围。比如，草地上加点红色，天空加点褐色。

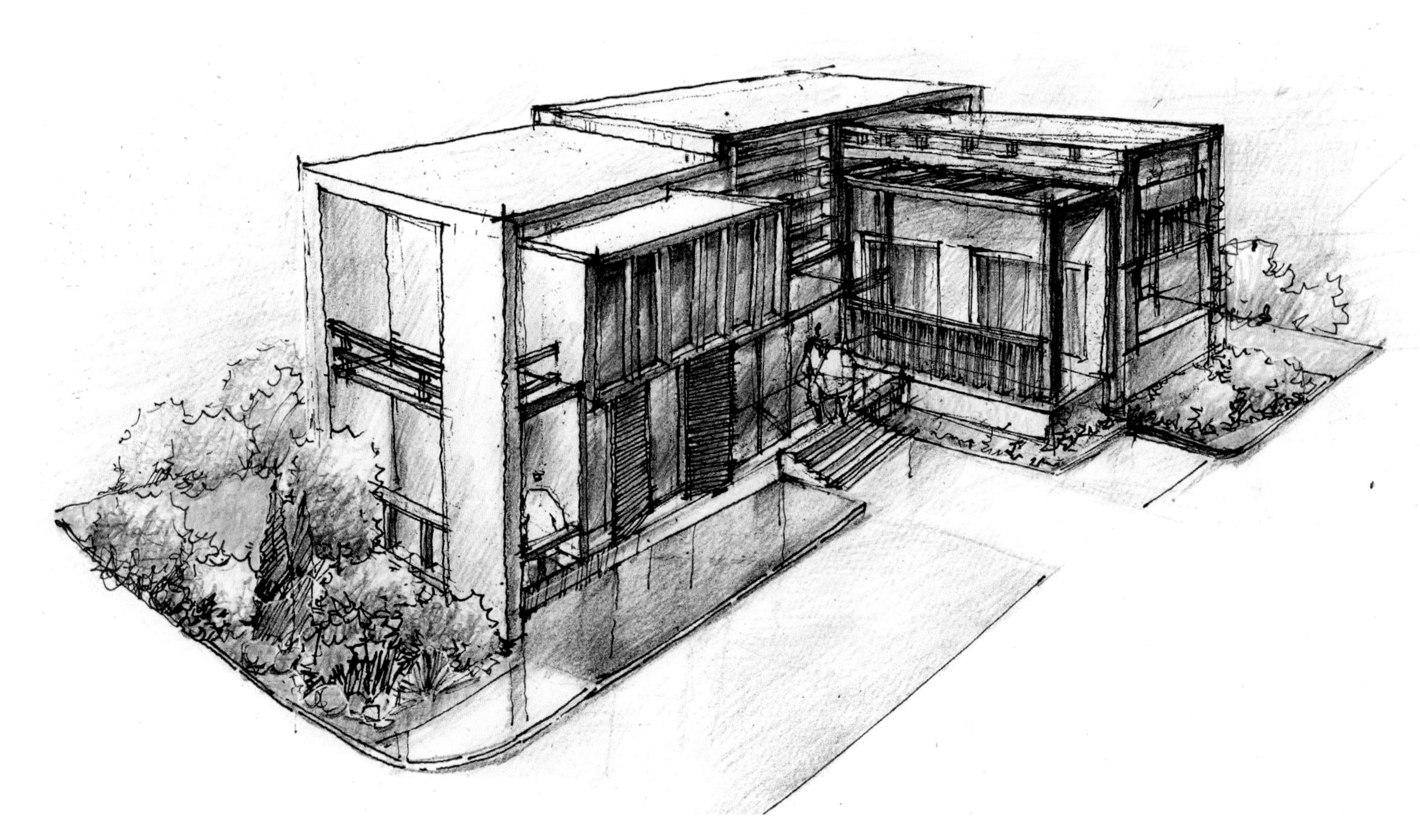

通过对比色活跃画面

④ 若要表现色调近似或统一的画面效果，要尽量地选用同一色系的彩铅笔进行渲染，就是在同一色系中进行明度或色相的微妙变化来达到色调和谐统一的目的。

色调统一的效果图（李涛作品）

⑤ 用黑色铅笔在各个部分轻轻擦划，把色调加深一些，以创造平衡的色彩效果。这种处理是在色彩都画上之后进行。

通过黑色铅笔平衡画面（李涛作品）

⑥ 画水用平涂加重点刻画的方式，可以表现出生动的倒影，画水底时略加褐色。

水面的画法（李涛作品）

第三单元
进阶篇

## 第十节 建筑常见材料的表现

建筑材料的表现要生动地传达出材料的质感、纹理、色彩、光影和冷暖变化，建筑材料有多种，常见有石材、砖、木、玻璃、金属等，表现时要使用不同的表现技法。

### 一、金属

无光照耀下，明暗过渡柔和；在光的照射下明暗对比强烈，要注意高光、反光和倒影的处理。

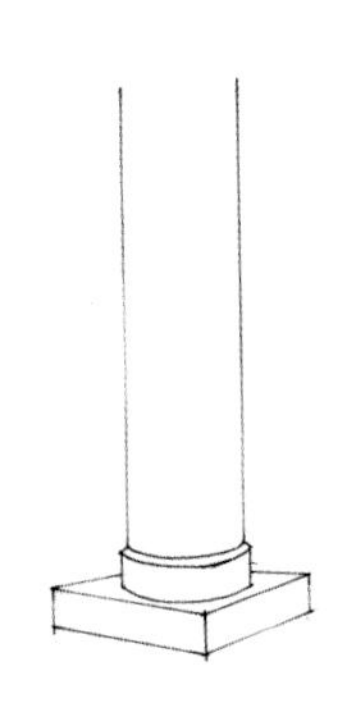

① 用钢笔画出柱子线稿。

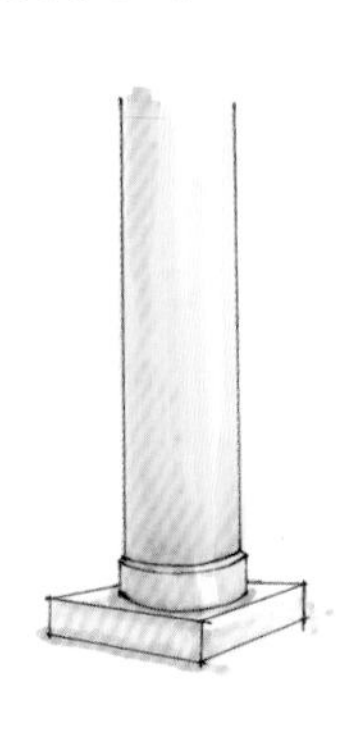

② 用三福牌 17 号黄色马克笔快速画出柱子的灰面。

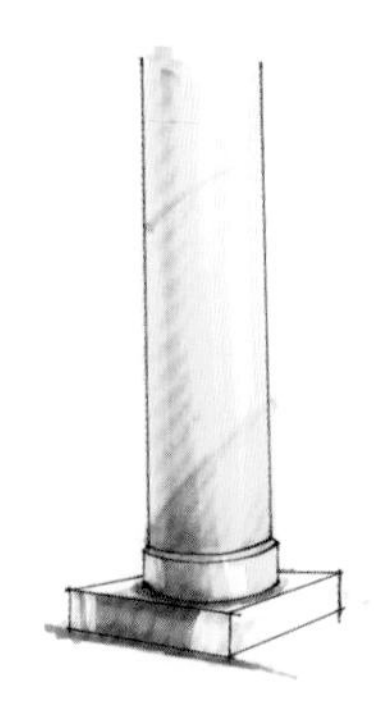

③ 用 123 号黄色马克笔叠画出柱子的暗面，并用弧线画出光感。

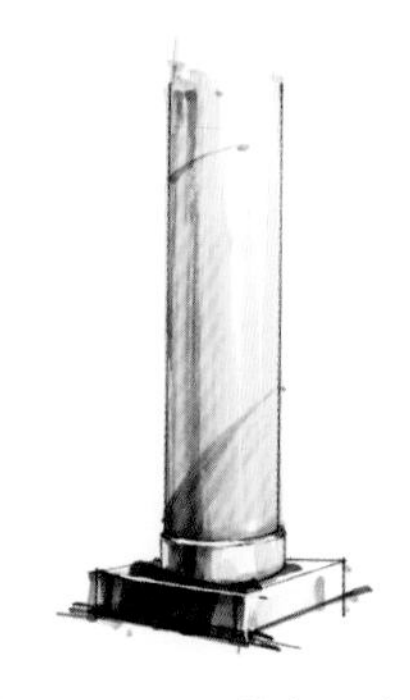

④ 用 69 号深黄色马克笔画出柱子的明暗交界线。

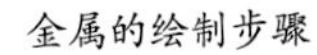

金属的绘制步骤

金属的表现（选自《破译效果图表现技法》，张克非绘）

## 二、玻璃

玻璃分为透明玻璃和反射玻璃两种。

### 1. 透明玻璃

要画出玻璃背后的物体形状和颜色，注意在玻璃表面上画高光。

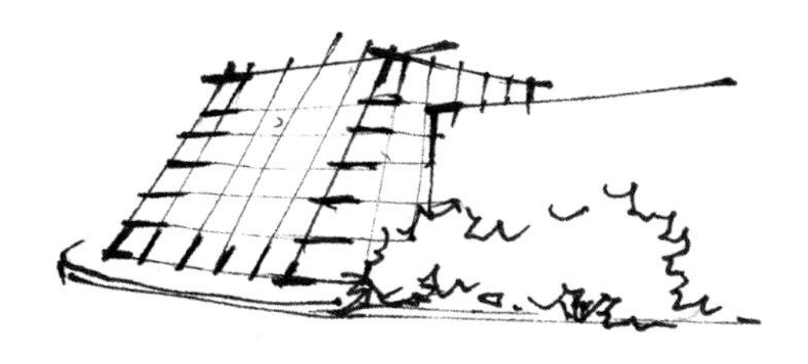

① 用钢笔画出建筑线稿。

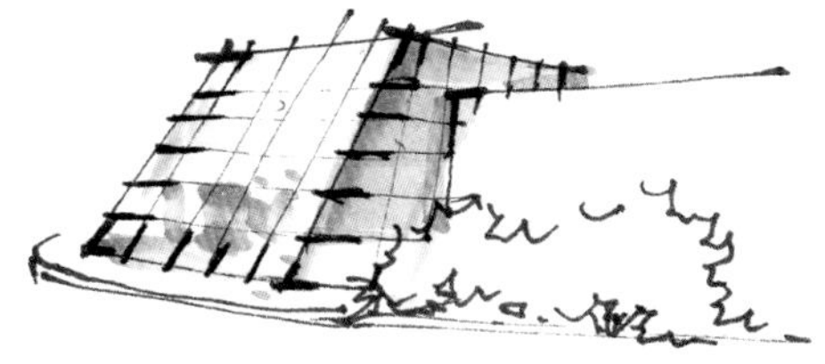

② 用三福牌 48 号蓝色马克笔画出建筑玻璃的亮面，再用 145 号深一些的蓝色画暗面。

③ 用 198 号蓝灰马克笔画出建筑玻璃亮面背后的人物和屋顶，再用 142 号深蓝叠画出建筑玻璃的暗面转折角部分。

透明玻璃的绘制步骤

透明玻璃的表现

## 2. 反射玻璃

要将玻璃折射的周围环境表现出来，如天空、树木、人影、车辆及周围建筑等。

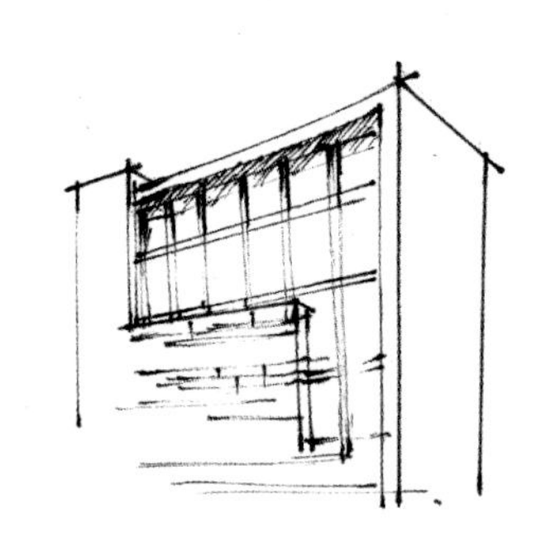

① 钢笔快线画出墨线稿。

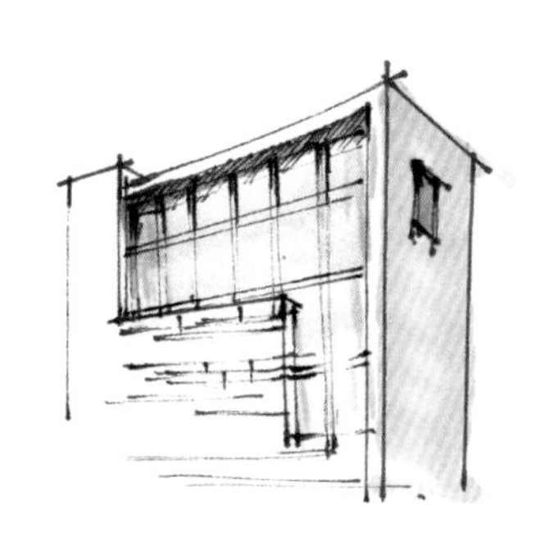

② 用三福牌 198 号蓝灰画出建筑玻璃亮面，再用 142 号深蓝色画建筑投影。

③ 再用 142 号画玻璃折射树木的影子，再用 38 绿色画出较深的树木影子。

反射玻璃的绘制步骤

反射玻璃的表现

## 三、木材

主要是木纹的表现，要根据木材的品种来表现。

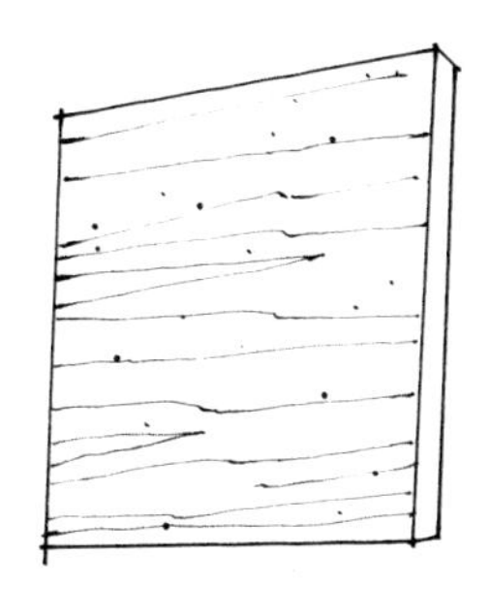

① 首先画出木纹线条，木纹质感要自然流畅。

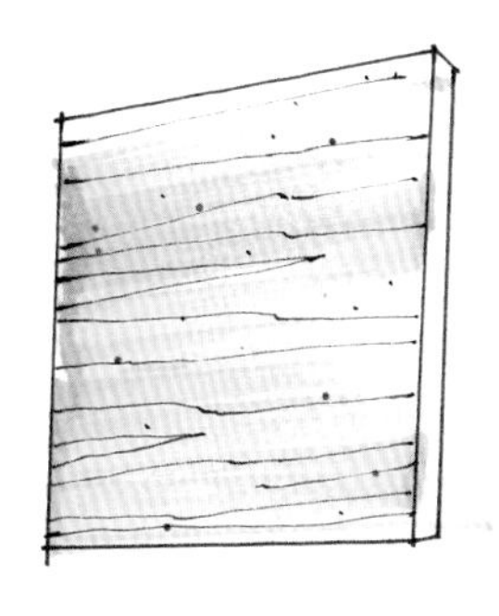

② 用三福牌 132 号浅黄褐色马克笔平涂一层木材底色，木纹线条先浅后深。

③ 用 30 号深黄褐色叠画出木材的质感，再用 90 号深褐色画木材最深色的部分。

木材的绘制步骤

木材的表现

## 四、石材

在绘制时，了解石材的形态、尺寸、色泽、形状、纹路、肌理和质感，在表现时先按照石材的固有色彩，不要平涂，由浅到深刻画，注意虚实变化。

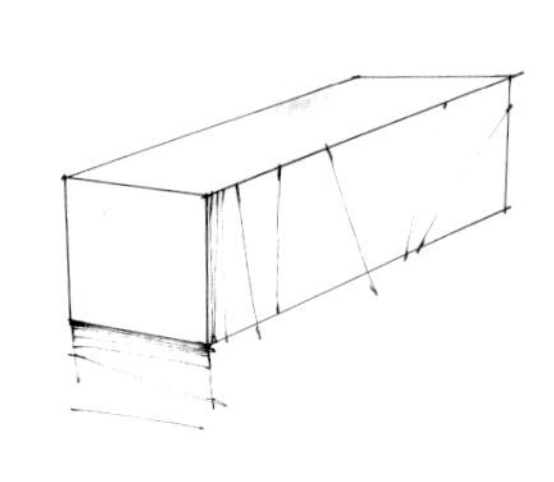

① 用三福牌 155 号暖灰色马克笔画出石材的亮面。

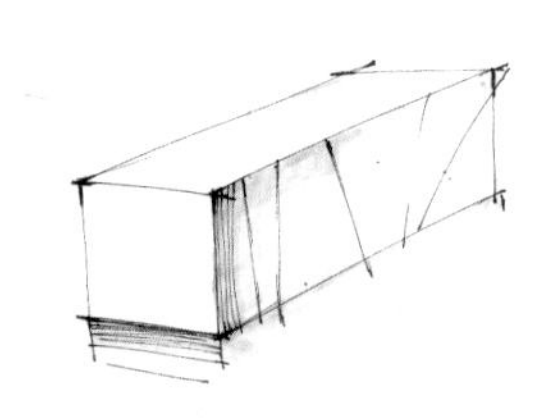

② 再用 156 号暖灰色马克笔平涂画出石材的灰面。

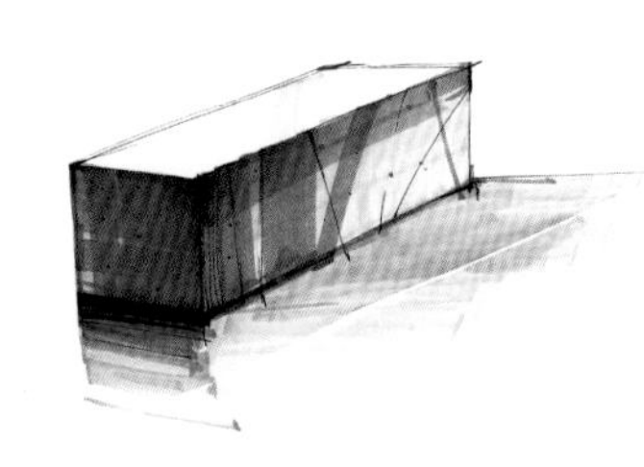

③ 用 159 号暖灰色马克笔用跳笔法画出石材的光感。

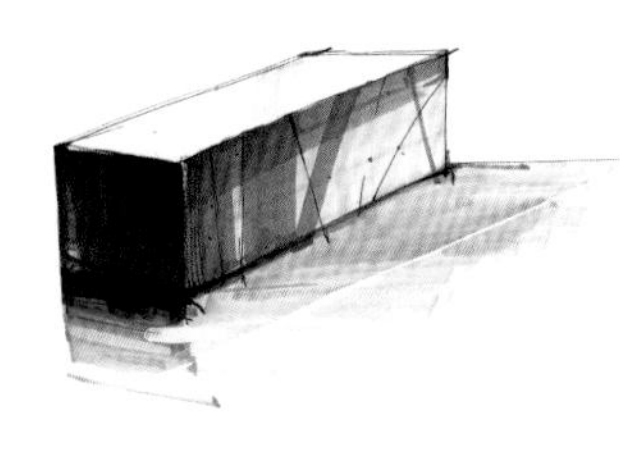

④ 最后用 163 画出石材的暗面。

石材的绘制步骤

石材的表现

## 五、混凝土

表现混凝土质感，先薄涂一层底色，再以条状笔触加入第二种颜色。不必追求均匀、平滑。

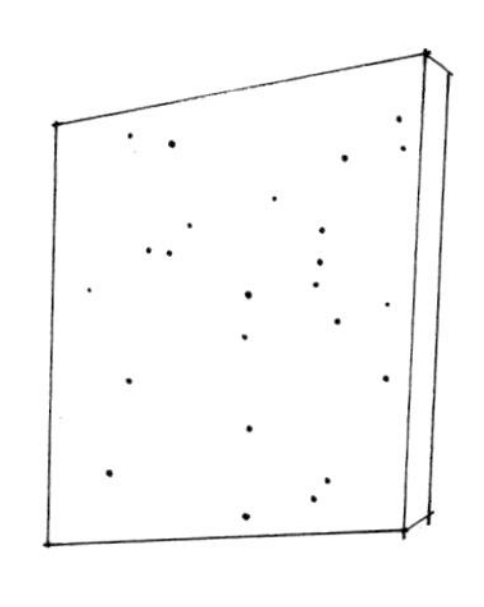

① 用钢笔画出混凝土线外轮廓，点画出混凝土的质感。

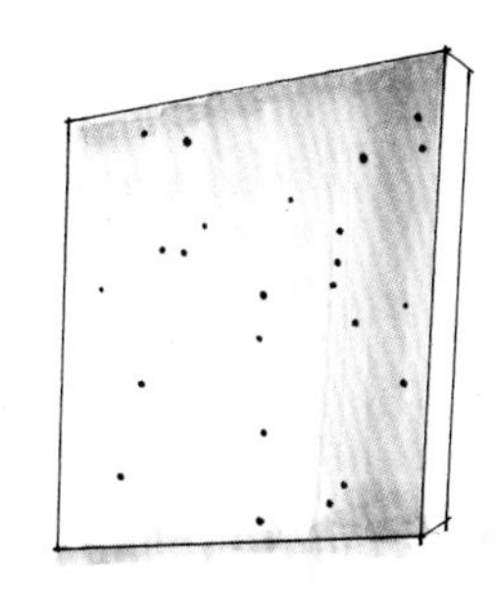

② 用三福牌 101 号冷灰色马克笔排笔法画出混凝土的受光面。

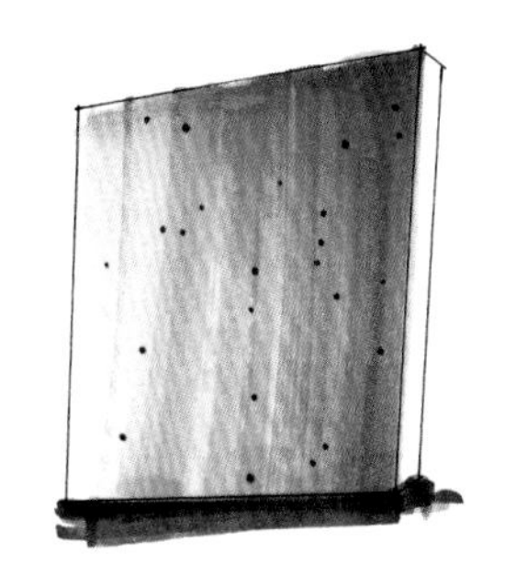

③ 近处用 111 号深灰马克笔重叠表现，形成深浅的渐变效果。

混凝土的绘制步骤

混凝土的表现

## 六、砖石

对于两种颜色镶嵌砖的表现，不必细画每块砖缝，近处用示意性的表现即可，否则会显得死板。

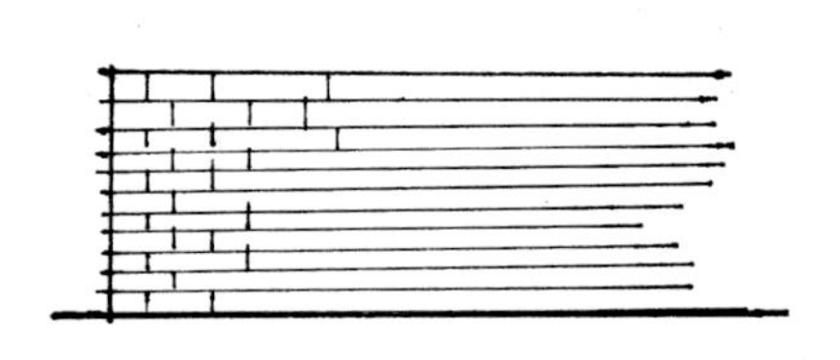

① 画出面砖的墨线图，注意外轮廓要用 0.4 实线，砖块要用 0.1 虚线。

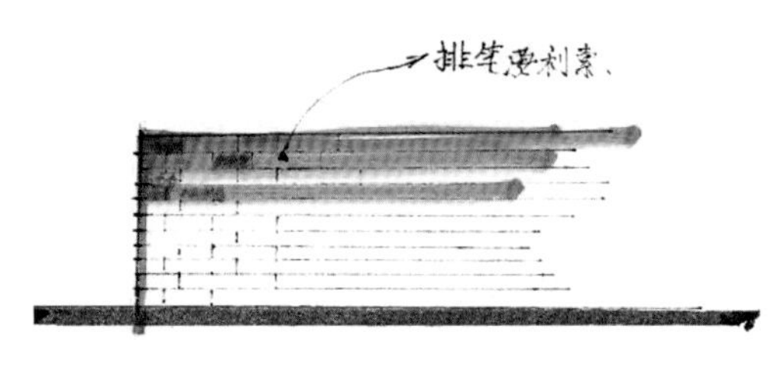

② 用 14 号橘色马克笔平涂底色，用 90 号赭石马克笔深色画出砖块。

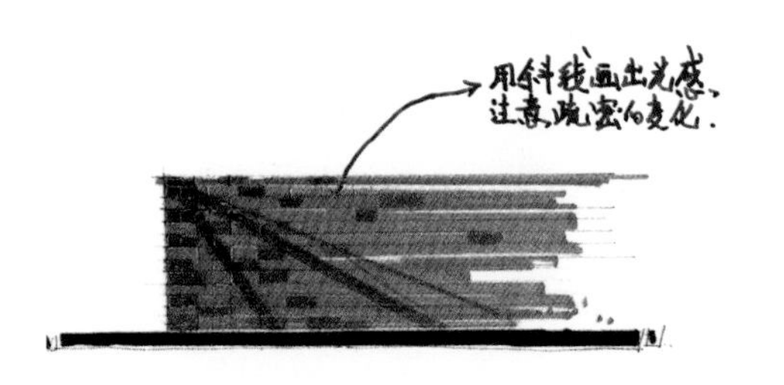


③ 用 90 号棕色马克笔斜线画出光感，并用白色笔画出砖块的受光面。

砖石的绘制步骤

砖石的表现 1（临摹“杭州石田建筑景观设计有限公司”作品）

砖石的表现 2

## 七、块石墙

① 墨线稿要把块石墙的体积感表现出来。

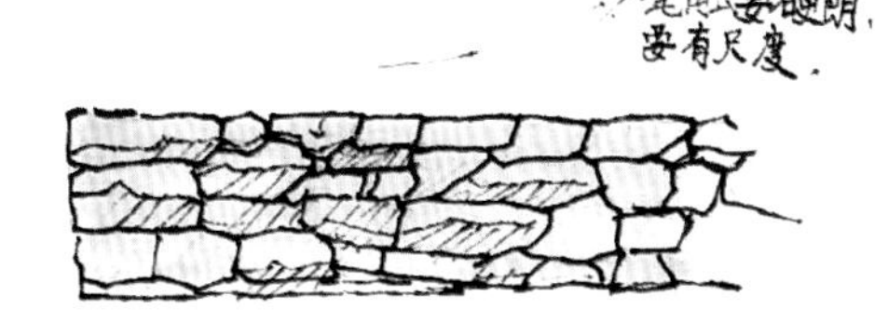


② 用 86 号浅黄色马克笔平涂墙面。

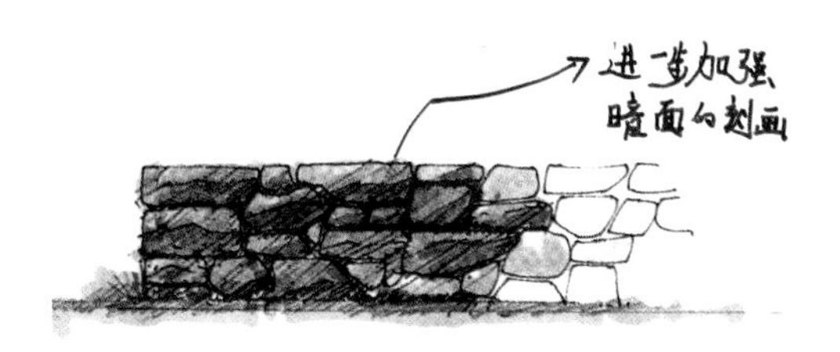


③ 用 130 号黄褐色画表面，再用 149 号褐色画石块的暗面，最后用 61 号深褐色画出石块的影子。

块石墙的绘制步骤

块石墙的表现

# 第十一节 建筑配景画法

## 一、植物的画法

用几何形的方式来分析树的形态结构，将一棵形态复杂的树控制在一个最简便、最清晰、最能表现其外部轮廓的几何形式之中。这样便于对树种的描绘，例如：灌木类是圆球或圆球的组合，云杉近似于圆锥体。抓住树木的几何形态，就抓住了不同树种的相貌特征。

### 1. 树干画法

树干四周呈放射状生长，有挺直，有弯曲，有左右延伸。枝的大小、前后的相互穿插，在表现时可用圆柱的概念去观察、表现。树的枝干交错，树叶重叠，要学会归纳。

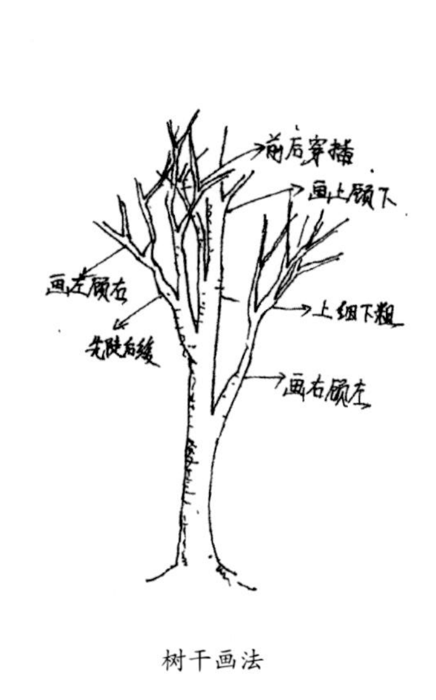

树干画法

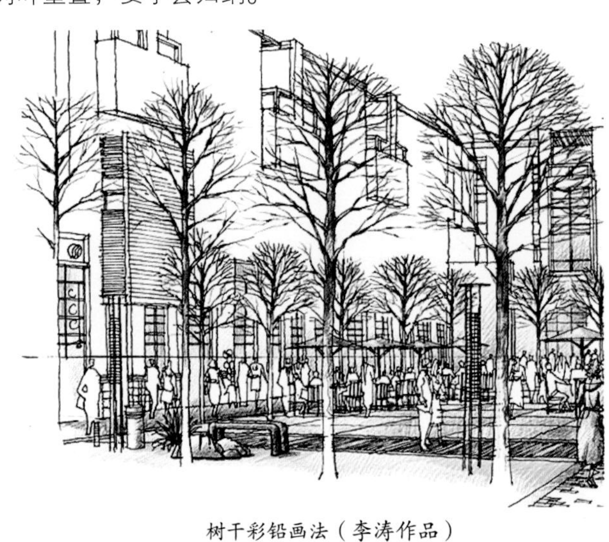
树干彩铅画法（李涛作品）

### 2. 树冠的外形

画树首先要把握树冠带给我们的外形感受。树冠的特点都是通过逆光剪影的方式获得。只要找准对象轮廓特征，就可发现剪影内部的结构、比例、姿态等关系。失去外形控制的细节表现，将会丧失其描述性。

不规则节奏轮廓线的变化

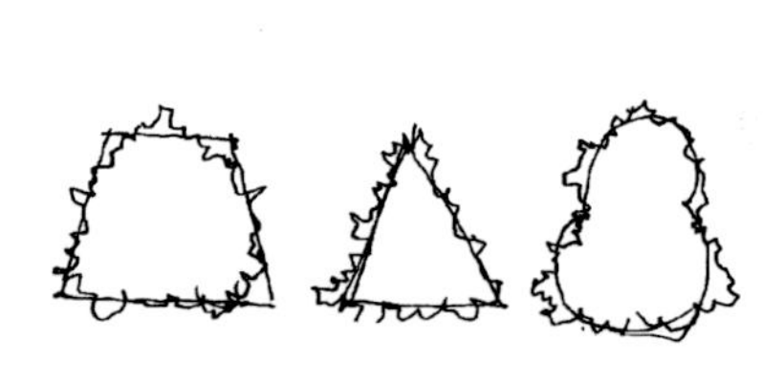
几何形树的形态变化

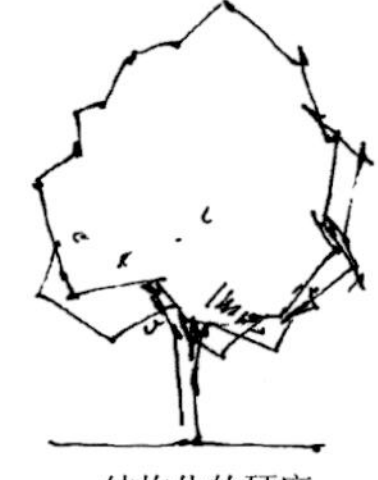
结构化的硬度

树冠的外形

## 3. 单个植物的表现

### （1）一般针叶树的表现

针叶树包括松类和柏类，这两类植物形态特征比较明显。柏树以圆锥形居多。

① 用短线条画出松枝整体轮廓线，再画枝干线条。

② 用三福牌 166 号、36 号浅绿色马克笔画出树冠整体的颜色。

③ 用 31 号深绿色马克笔画出背光部分，再用 162 号暖灰色马克笔画枝干。

松树的绘制步骤

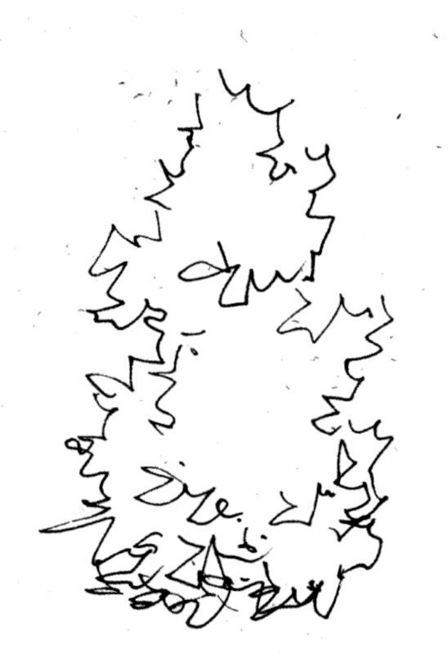

① 用锯齿线画出柏树整体轮廓。

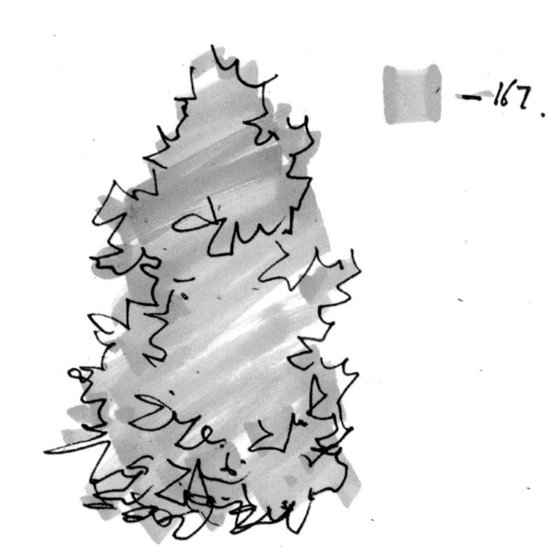


② 用三福牌 167 号浅绿色马克笔画出柏树整体的颜色。

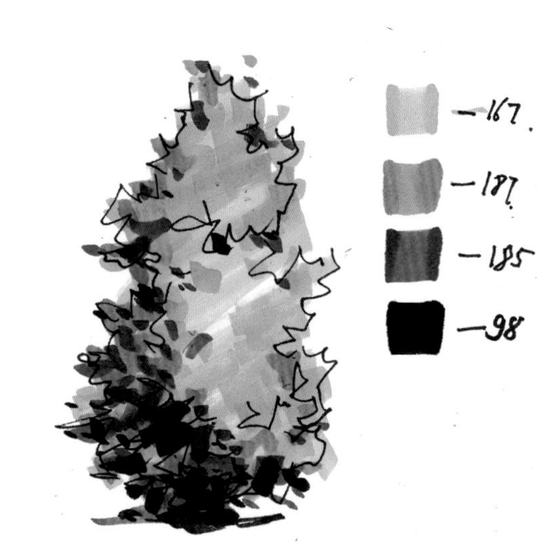


③ 用 185 号深绿色马克笔画出柏树的暗面，再用 38 号黑色马克笔画出最暗的部分。

柏树的绘制步骤

（2）一般阔叶树的表现

首先着重表现出树的形态特征，一般阔叶树的常见树形有垂枝形、球形、半球形、圆柱形、椭球形；其次要选择合适的线来表达出树叶特征。

球形　　圆柱形　　椭球形

半球形

垂枝形

## 4. 组合植物的表现

花、草、灌木、乔木的组团不同于单个植物的表现，要考虑植物间的相互关系，注意主次分明、近实远虚、明暗互相衬托等关系。

组合植物的表现

## 5. 近景树的画法

画近景的树要清楚表达出树木的生长姿态、枝干的转折关系。近景树一般色调较深，用较深的颜色勾画出树冠的基本色调，但不能完全平涂，叶丛中要留有一定的空隙，用浅色勾画出亮面树叶的色彩。树冠在树干上的投影也要适当表达。如图中所示。

① 画出近景树的整体轮廓线。

② 用三福牌 25 号绿色系马克笔画出近景树的受光部分。

③ 用 167 号绿色系马克笔画受光与背光衔接部分, 再用 165 号、166 号画背光的暗面。

④ 用 38 号深灰画出最深的树冠颜色最深处。

近景树的绘制步骤

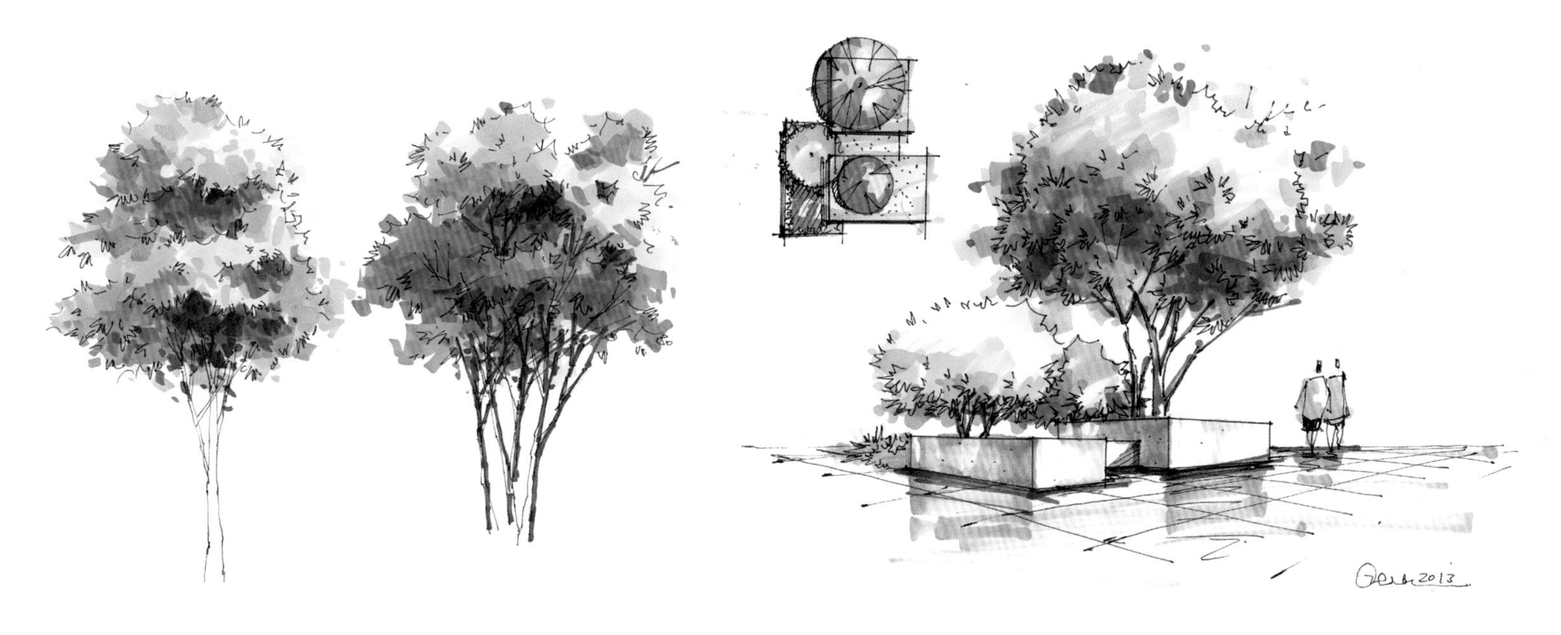

近景树的画法

### 6. 中景树的画法

画中景的树一般采用光影的画法，把树木看做是一个整体，在光照下，把树冠大致分出明暗关系，运用三种明度的绿色来表现黑灰白关系，着重突出树木的体积感。

① 画出中景树的整体轮廓。

② 树冠用三福牌 27 号绿色系马克笔画出中景树的亮面。

③ 通过色彩之间的冷暖对比，强调颜色之间变化关系，用 175 号绿色系马克笔画出中景树的灰面，再用 163 号棕色马克笔画出树干的颜色。

④ 用 26 号、31 号绿色系马克笔画出中景树的背光面。

中景树的绘制步骤

中景树的画法举例（“沈阳汇景堂园林设计有限公司”作品）

### 7. 远景树的画法

远景树一般要成组或成片地画，或只勾勒起伏的树群外轮廓，不用单株表达，在对比关系上，尽量减弱光影的明暗关系和色彩的对比关系，弱化描绘对象，在画面上呈现出视觉退远的空间效果，不必过细地描绘树木枝干的细节，尽量使背景虚化，形成纵深感。

① 画出远景树的整体轮廓线。

② 用三福牌 36 号绿色系马克笔画出远景树整体受光面，再用 140 号绿色系马克笔画远景树的暗面。

③ 塑造纵深感的空间感，用 114 号冷灰叠画树木的暗面，强调暗部交界线，使画面对比更加明确。

④ 用 31 号深绿色马克笔画远处柏树的形态，再用 211 号黑色马克笔点画出水和远景树的分界面。最后调整色彩对比，强调色相、纯度之间的关系，以达到加强画面视觉中心的效果。

远景树的绘制步骤

## 二、山石的表现

画山石时，要表现出山石的受光面和背光面，同时，还要表现出石块棱角的顿挫和曲折。表现山石的结构，是通过对它的光影关系的描绘来实现的。

① 用钢笔画出石头的外轮廓线，运笔要干净利落。

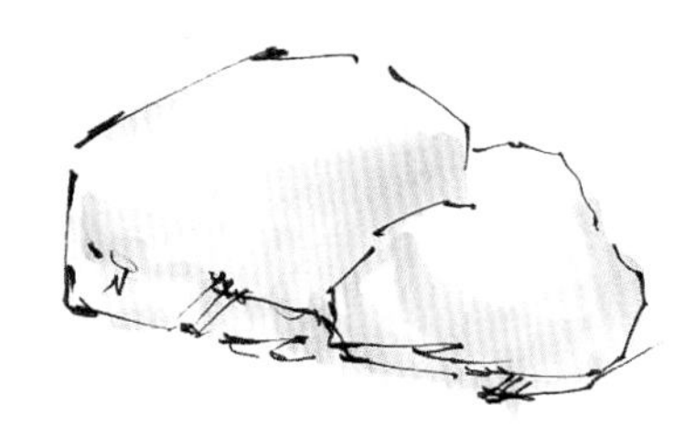

② 用 109 号冷灰色系马克笔画石头的灰面，要体现出石头棱角分明的感觉。

③ 用 113 号冷灰系马克笔着重刻画暗面，要处理好石头的亮暗关系。

山石的绘制步骤

山石的表现举例

## 三、水的表现

### 1. 静态水的表现

静态的水景多为水池塘、湖泊、河流。临水的建筑物，还会在水中产生倒影。水下倒影的透视消失关系与建筑物一致。

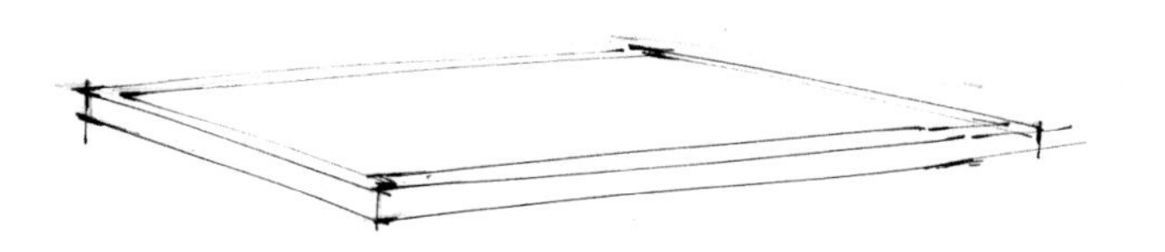

① 画出水池的整体轮廓，注意两点透视的运用。

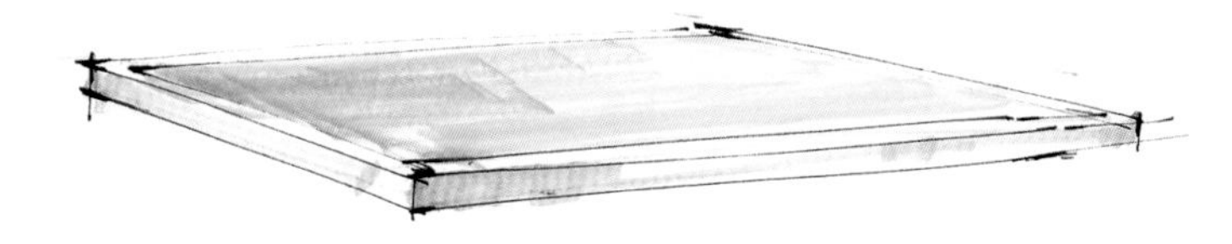

② 采用浅蓝灰色画水面，横向笔触排列。

③ 用深蓝灰色横向快速叠画表现静态水的倒影，用白色涂改液画高光。

静态水的绘制步骤

静态水的表现举例 1

静态水的表现举例 2（临摹沙沛作品）

静态水的表现举例

## 2. 动态水的表现

动态水包括小溪、河流、喷泉、受落水口等。景物在水中的倒影破碎，但画时要注意概括处理。依据景物的形态、造型的变化、色彩的差别，把握好整体关系，用笔要放松流畅、自然，切不可把水画得支离破碎。

① 用钢笔画动态水，应该注意表现水的运动方向与水的透明效果。

② 用三福牌 48 号蓝系马克笔画水体，着色时要表现水体所在环境的色彩关系。

③ 用白色涂改液画出落下水时所激起的小浪花。

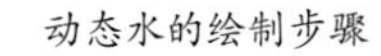

动态水的绘制步骤

动态水的表现举例

（临摹沙沛作品）

（临摹沙沛作品）

动态水的表现举例

动态水的表现举例

动态水的表现举例（“沈阳汇景堂园林设计有限公司”作品）

## 四、人物的表现

在建筑物的描绘中，适当地画一些人物可作为衡量建筑及景观尺度的重要依据，同时也能使画面生动活泼，注意人物在图面的大小应合适。

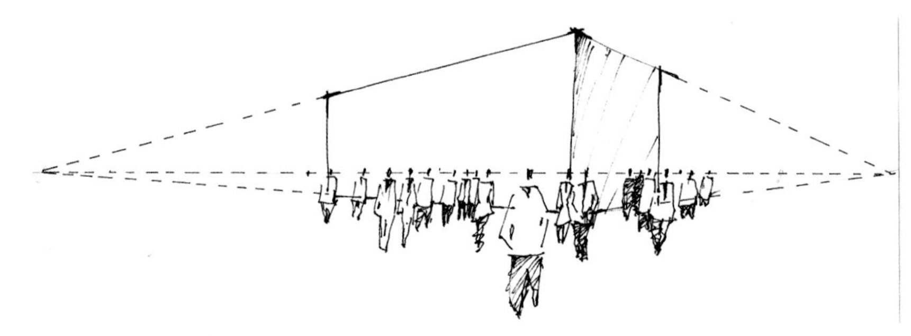

人物可作为衡量尺度的依据

### 1. 远景人物的表现

远景人物放置位置可居画面中心或离表现重点较近，用概括的线条加以表现，不用突出人的体态特征，身体的轮廓用概括的线条，形似一口袋，这种概括表现在快题设计时非常实用。

远景人物的表现

### 2. 中景人物的表现

中景人物放置的位置多且要分散些，这种尺度的人物画法所需把握的是大的人体比例。

中景人物的表现

### 3. 近景人物的表现

近景人物要少并且要位于画面的角落，还要注意不要对主体景物产生遮挡，应细致地刻画。注意男女体型的区别，男士肩宽背阔，女士腰细腿长。

近景人物的表现

## 五、建筑中车辆的表现

画车辆要考虑到与建筑物的比例关系，过大或过小都会影响到建筑物的尺度，在透视关系上也应与建筑物相互协调一致。

车辆的表现

## 六、马克笔和彩铅的配合使用表现建筑材料质感

马克笔给人的感觉是色彩明快响亮，但缺点是难以控制，而彩铅就可以弥补这一缺点，彩铅的颜色虽然没有马克笔那样明快，但能使画面色彩过渡自然细腻。在马克笔画完过后，用彩铅加入细节，能有效地表现出建筑质感。

### 1. 马克笔和彩铅配合画石墙的质感

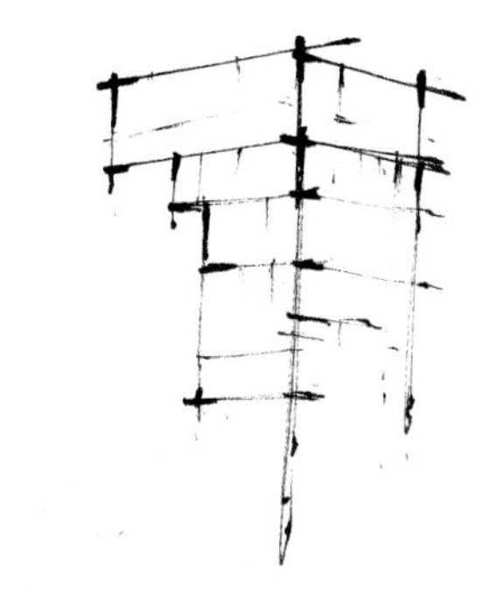

① 先用钢笔表现石墙墨线稿

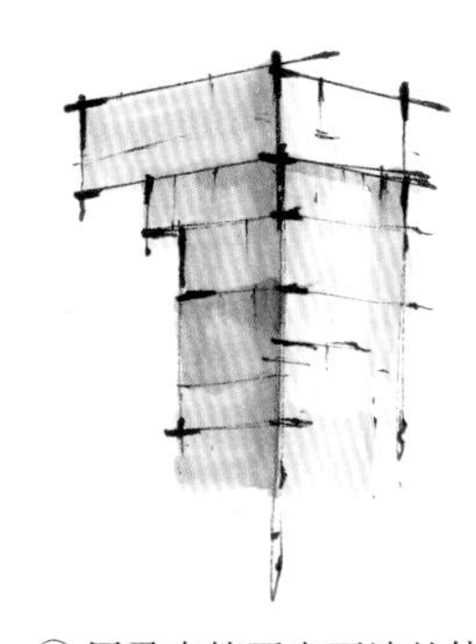

② 用马克笔画出石墙的体积

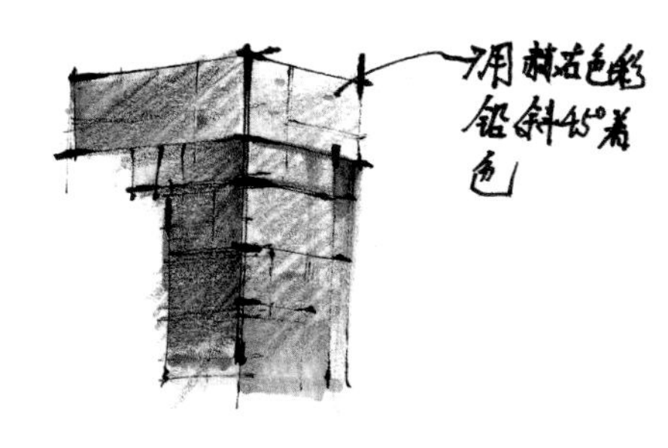


③ 用褐色彩铅笔斜线画出石墙的质感

绘制步骤

马克笔和彩铅配合画石墙的质感（“沈阳汇景堂园林设计有限公司”作品）

## 2. 马克笔和彩铅配合画清水砖墙的质感

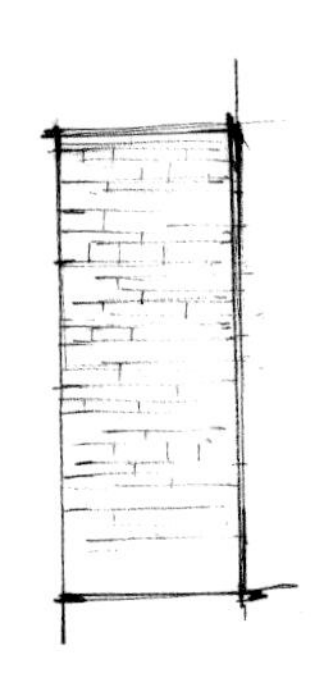

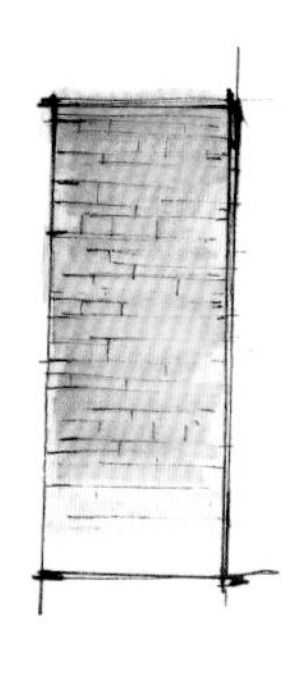

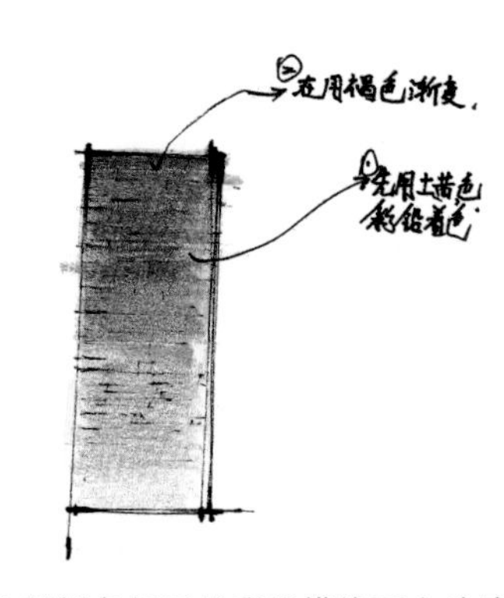


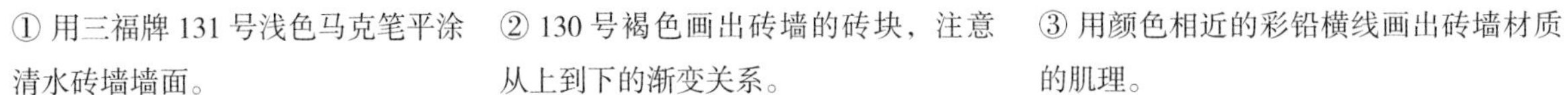

① 用三福牌 131 号浅色马克笔平涂清水砖墙墙面。

② 130 号褐色画出砖墙的砖块，注意从上到下的渐变关系。

③ 用颜色相近的彩铅横线画出砖墙材质的肌理。

马克笔和彩铅配合画清水砖墙的质感

## 3. 马克笔和彩铅配合使用画建筑玻璃质感

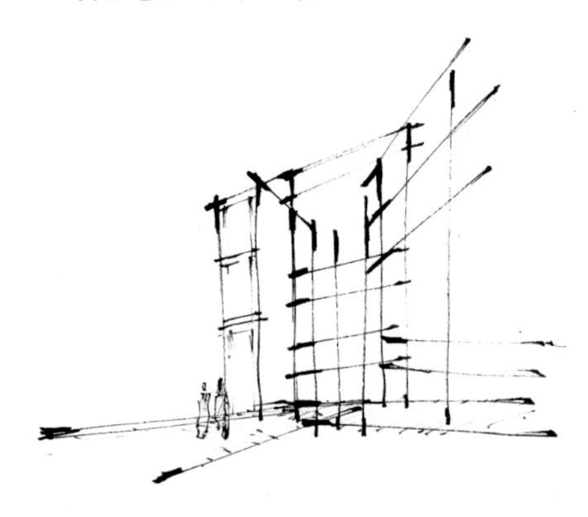

① 用钢笔表现建筑墙面、玻璃的墨线稿

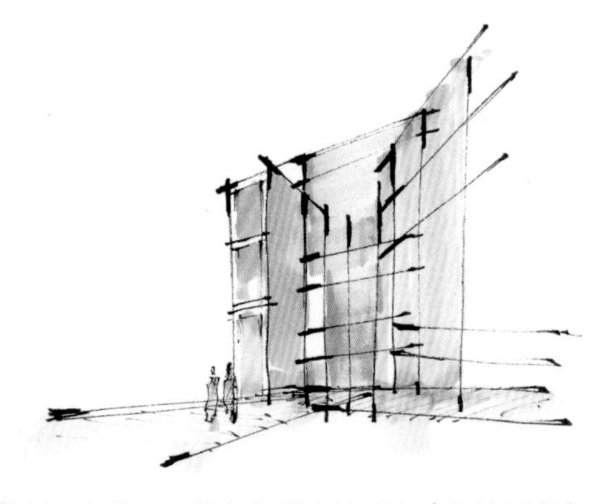

② 用三福牌 101 号灰色马克笔画出建筑墙面底色，再用三福牌 198 号画出玻璃的受光面。

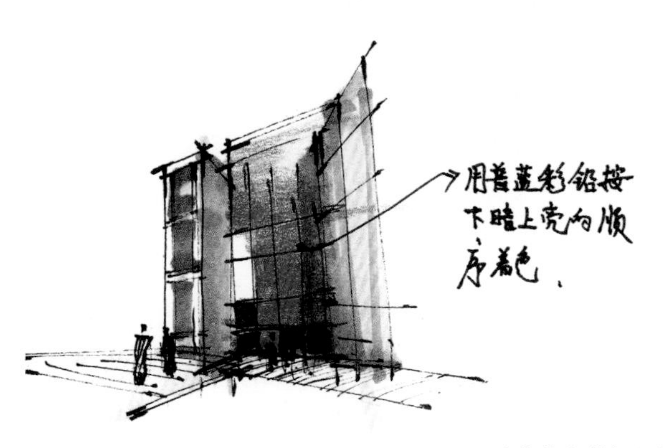


③ 用颜色相近的彩铅画出玻璃的深色部分，注意玻璃上部的留白。

马克笔和彩铅配合画建筑玻璃质感

## 4. 马克笔和彩铅配合画建筑木材质感

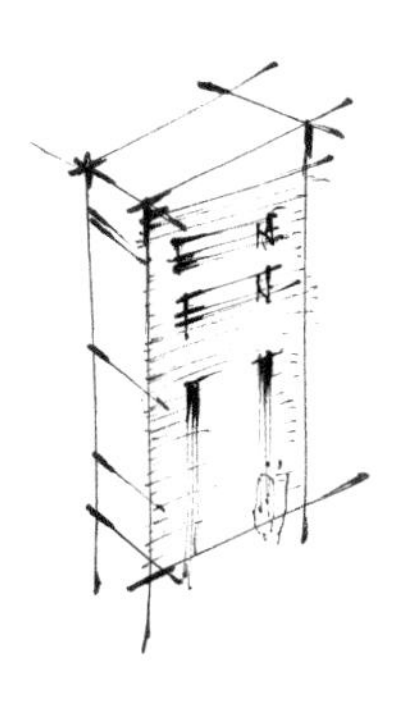

① 用三福牌 122 号平涂底色。

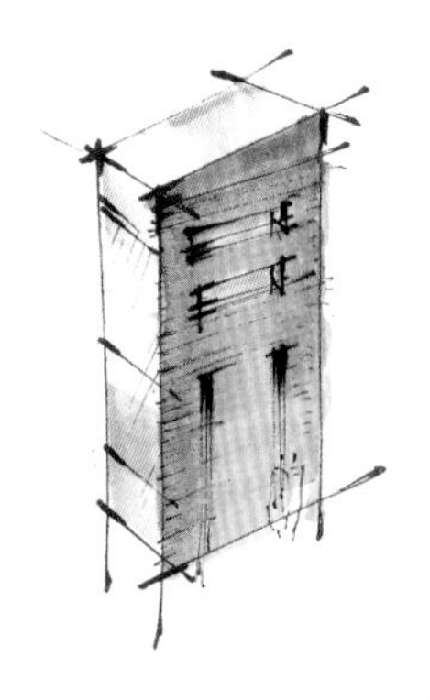

② 表现出木纹的肌理效果，色彩一般用黄色系马克笔中进行叠色变化。

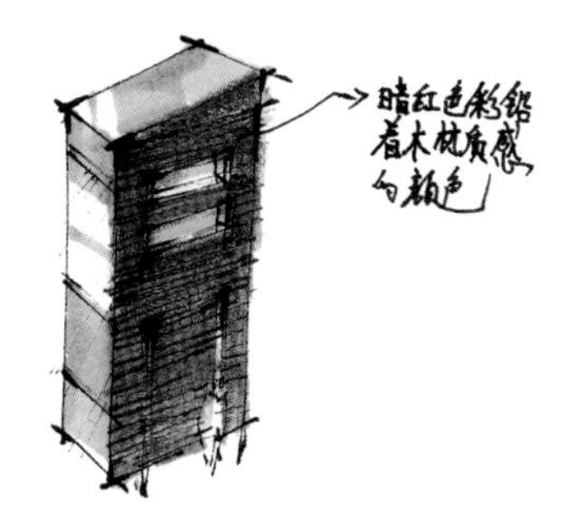


③ 用彩铅在马克笔底色上刻画木材质的纹路。

马克笔和彩铅配合画建筑木材质感

## 5. 马克笔和彩铅配合画建筑配景植物

① 用钢笔画出植物的轮廓。

② 先用 10 号粉色马克笔画出近处彩叶树暗面，再用 167 号浅绿色马克笔分别画出灌木和远处植物的暗面，用 17 号画出远处黄色彩叶树的暗面，最后用 46 号画出柏树的暗面。

③ 用粉色彩铅画出近处彩叶树的亮面，再用中绿色彩铅分别画出灌木和远处植物的亮面，其次用中黄色彩铅画出远处黄色彩叶树的亮面，最后用深绿色号画出柏树的亮面。

马克笔和彩铅配合画建筑配景植物

### 6. 马克笔和彩铅配合使用画建筑

① 马克笔画出建筑整体的色彩，笔触要以排线为主，要把握好笔触的走向和疏密，同时要结合建筑形体结构进行着色。

② 马克笔绘图超出了边界，可以用颜色相近的彩铅修正，并用彩铅在马克笔画出的底色上，作出材质的肌理。

③ 白色涂改液画出建筑的高光。用黑色彩铅笔对主体物的暗面进行局部的刻画，突出主体建筑的体积关系。黑色彩铅使用要慎重，不宜大面积使用。

马克笔和彩铅配合使用画建筑

① 用笔画出主要暗部，交代清楚空间结构。

② 用马克笔继续刻画近处建筑材料的质感。

③ 用彩铅逐步深入塑造，注意深化细部，突出重点，色彩要统一，光感要强，对比要强烈。

马克笔和彩铅配合使用画建筑

第四单元
应用篇

# 第十二节 钢笔建筑线稿画法

钢笔画的表现手法很多，可以线条为主，也可以光影为主；可以写实，也可以采用程式化的方法。

## 一、钢笔表现建筑的步骤

步骤一：先定下视平线，然后画出透视的大小轮廓，按大小轮廓确定消失点，以建筑物高度为标准，借正方形的比例来判断建筑物正、侧面的透视长度，从而确定其轮廓。

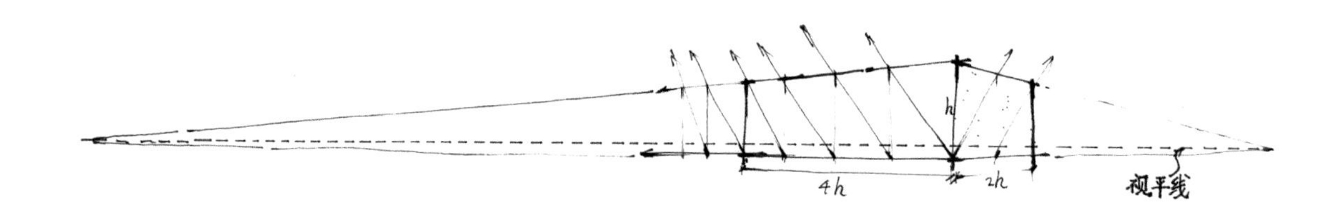


步骤一

步骤二：在已确定的大轮廓内分开间。

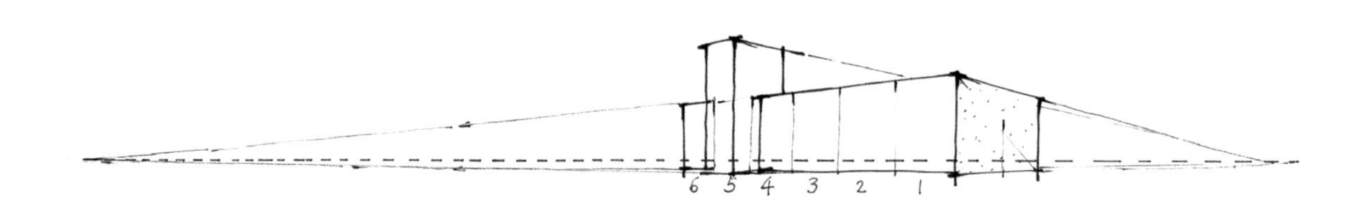


步骤二

步骤三：按照已确定的开间，把门、窗、垛、柱等建筑结构表现出来，然后画出建筑物的全部，再按光线角度画檐部阴影，注意要表现出因透视因素而产生的近远深浅的均匀的退晕现象。

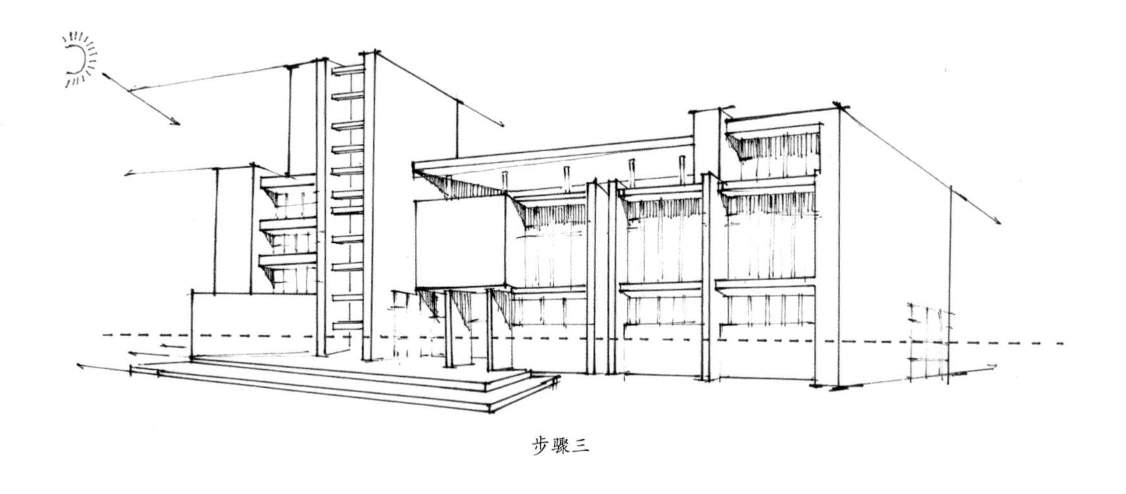

步骤三

步骤四：按照以深托浅和浅衬深的原则，利用树、地面等配景来衬托建筑物，强调最重要、最突出的建筑部分，对于一些次要的、微小的枝节上的变化，则应大胆地予以舍弃。而不分主次轻重，追求照片效果，那就失去手绘的特点，从而也不可能取得良好的效果。

步骤四

## 二、线条表现方法

建筑手绘中通常都是用粗细线相结合的方法来表现建筑形象，即用最粗的线来画外轮廓，次粗的线画内部较大的转折处，其余的一律用细线来表示。这种表现方法具有整体性强，空间立体感强和层次分明等优点。在建筑手绘中，由于这种画法具有较强的表现力，因而不仅常被采用来表现建筑物的立面和透视，而且也常被用来表现建筑局部及其他细部大样。

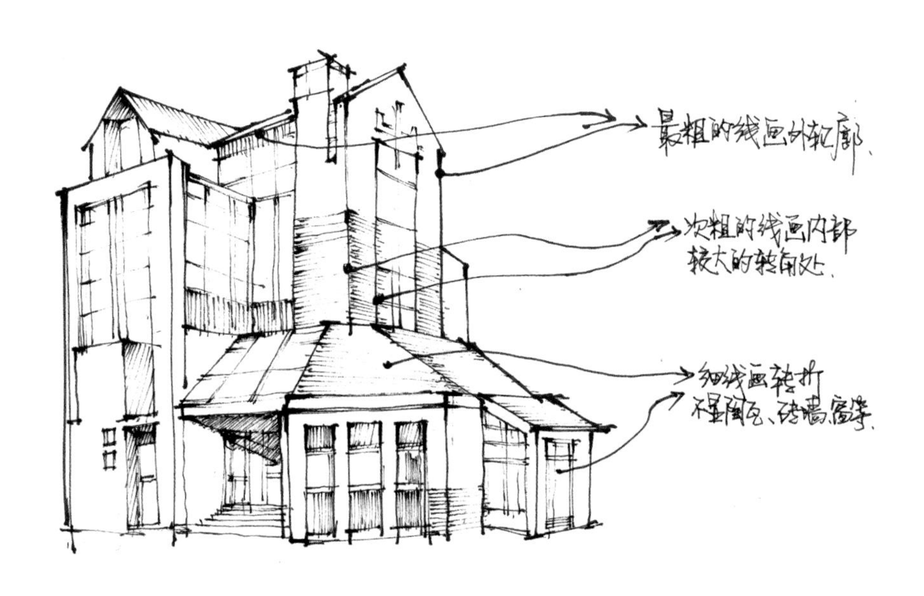

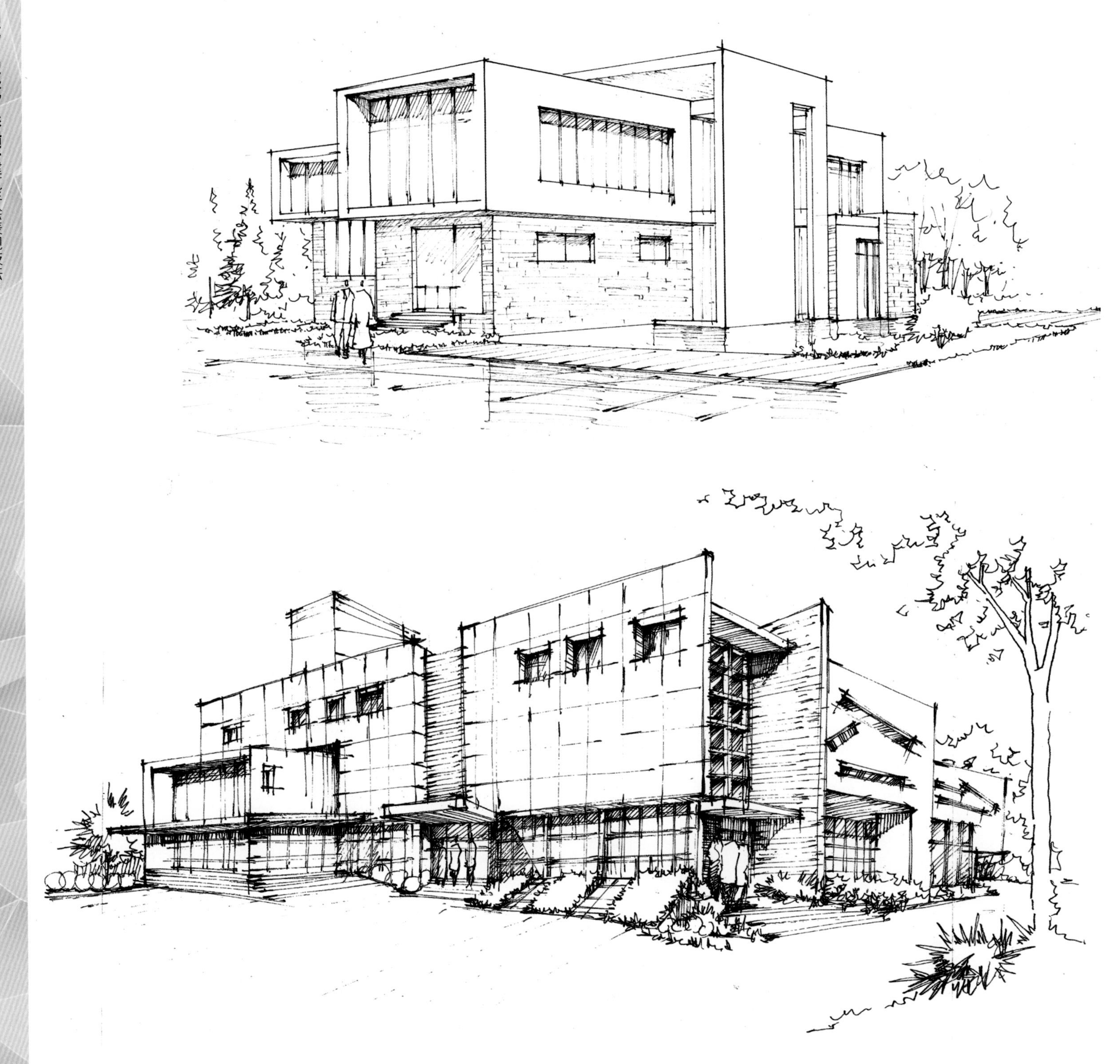

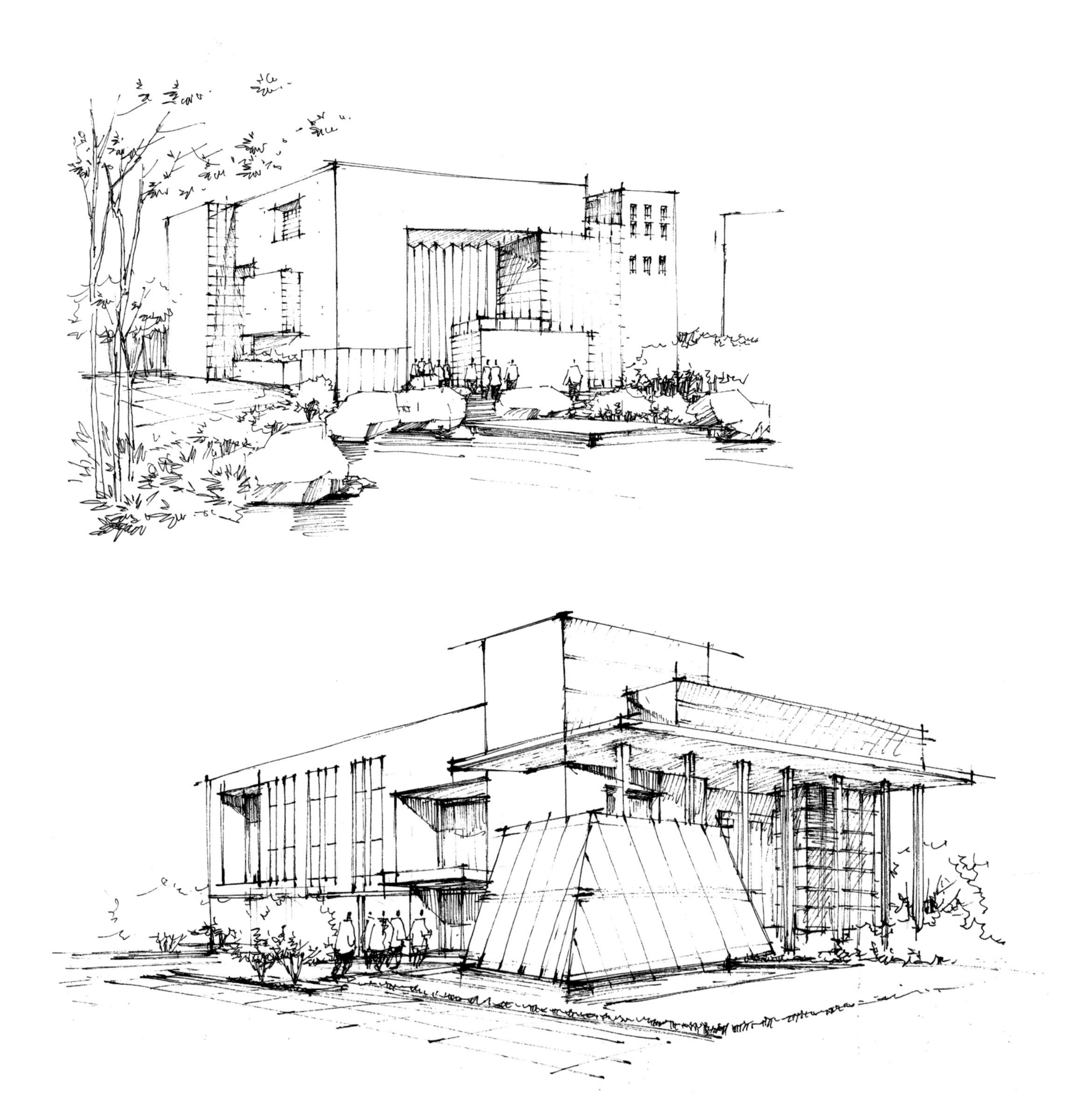

## 三、光影表现方法

光影画法是用线条来组成不同深浅色调的面，也就是线条处理色调即黑白灰三者关系的问题。钢笔画有两个突出的特点：一是黑白对比强烈，有的甚至像版画一样呈现出强烈的纯白纯黑的对比；二是中间色调没有其他画种丰富，例如浅灰色调，用钢笔画来表现就比较困难。由于这两种特点，钢笔建筑画常采用概括的光影画法，即只表现建筑中比较突出的要素，而舍去其余细微的变化，运用概括的方法以，合理的处理黑白灰三种色调的关系，就能够非常真实，生动地表现出各种形体的建筑形象来。

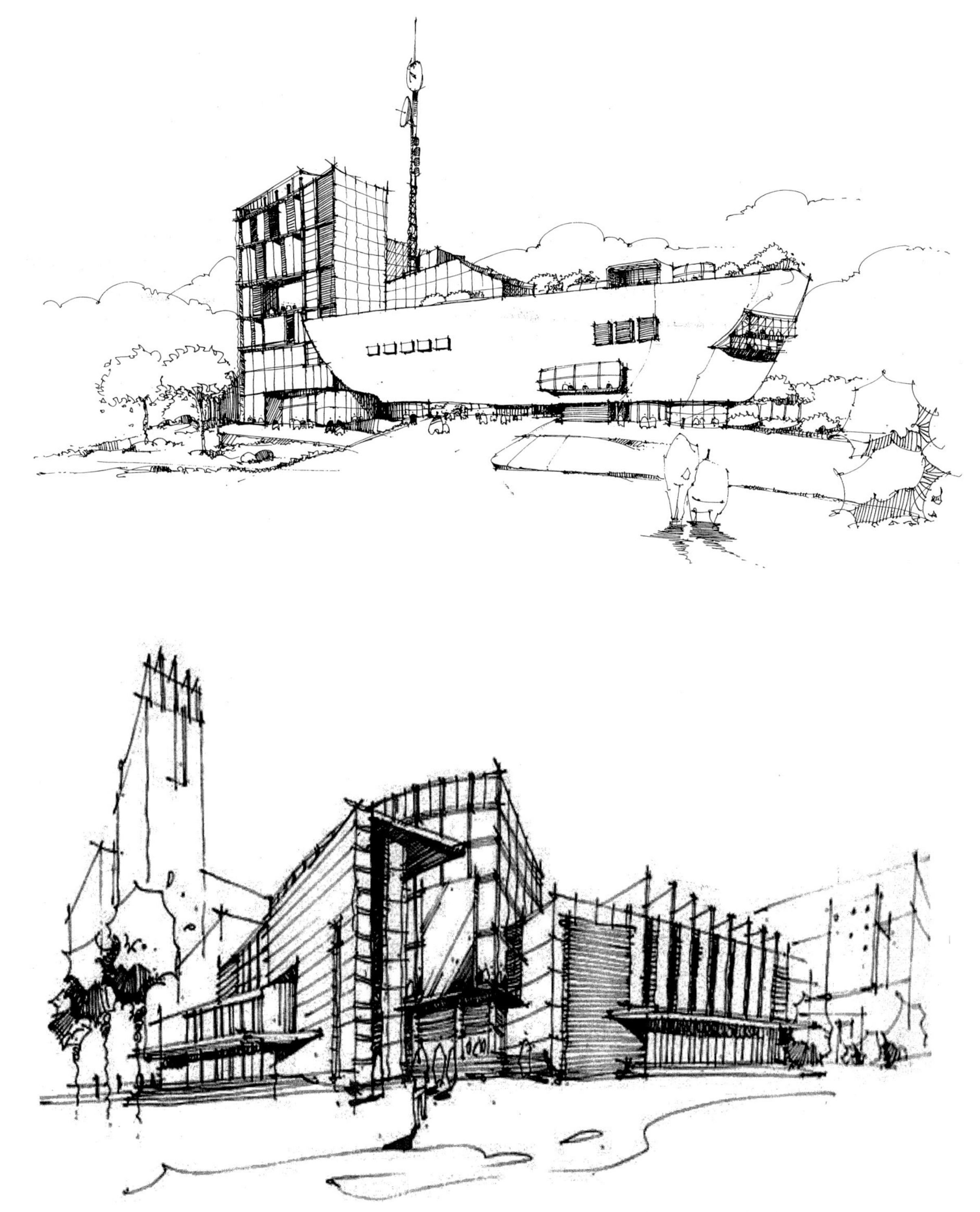

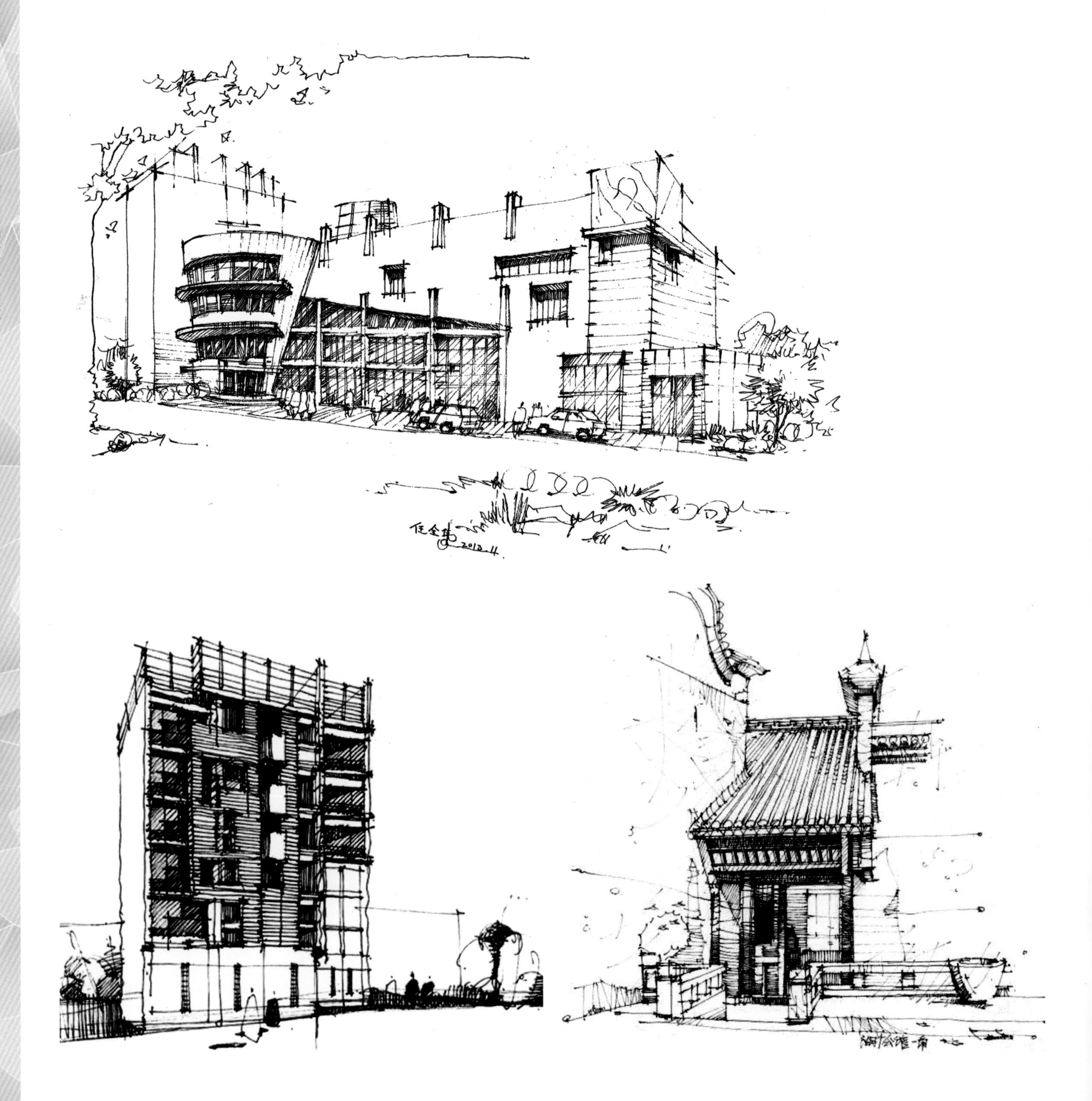

# 第十三节 建筑色彩表现方法

## 一、单色马克笔表现建筑的步骤

使用马克笔进行单色着色，选择冷灰色系或暖灰色系遵循由浅入深的规律，用笔不必太拘谨，要有统一性，强调先后次序进行分层处理。使用马克笔进行单色着色要快速和简洁，点到为止，要少而精，使画面显得轻松灵活，着色的位置要集中下半部，对于建筑上半部要进行一定的省略。

步骤一：用钢笔打好线稿。

步骤一

步骤二：在着色初期，用较浅的灰色先画建筑受光面，然后用较深的灰色画暗面，定好基本的结构关系。上色由浅入深，逐渐加深的次序进行着色。

步骤二

步骤三：进一步拉开明度对比关系，使用排比法画暗面，最亮处留白，并使用较重的灰色进行边角处理。

步骤三

步骤四：进一步用112号冷灰色斜线画建筑暗面的光影，用笔要快速和简洁，点到为止、少而精。在用115号较深的冷灰色画玻璃和台阶的暗面，最后用98号黑色画建筑和近景树最暗的部分，用笔要轻松灵活，着色的位置要集中下半部，画面调整完成后，用白色涂改液提亮玻璃和近处植物的高光。

步骤四

## 二、马克笔表现建筑的步骤

### 1. 范例 1

步骤一：起稿。首先要构图，确定地平线的位置。画出建筑的透视，形体按照由主到次、由大到小的顺序，画出建筑结构、比例等。

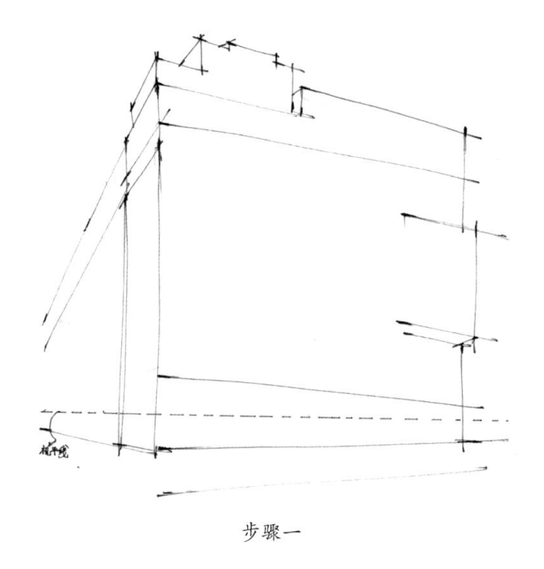

步骤一

步骤二：进一步刻画。建筑结构要由实到虚来画，近处具体些，远处概括些。

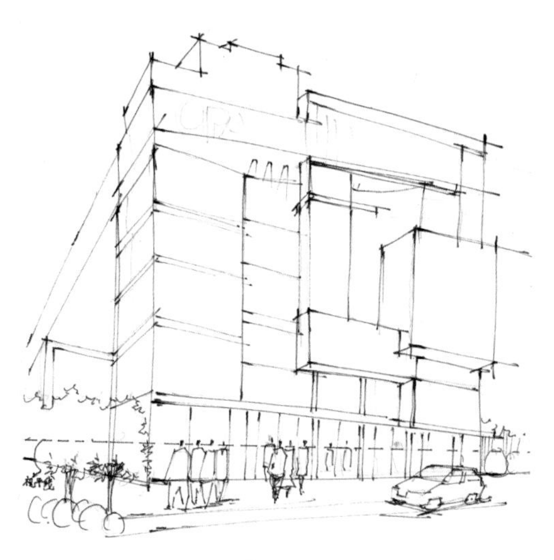

步骤二

步骤三：正稿。在此阶段主要是用勾线笔勾形，勾线时主要表现形体的结构、透视关系，在笔法上要注意用笔的趣味性。用笔要流畅，不要对轮廓线反复描画。

步骤三

步骤四：着色。由浅入深、用色不要纯度过高，先画出建筑的受光部分，再画建筑背光部分。注意用笔的方法，可运用排线法、晕化法、留白等，要灵活运用。

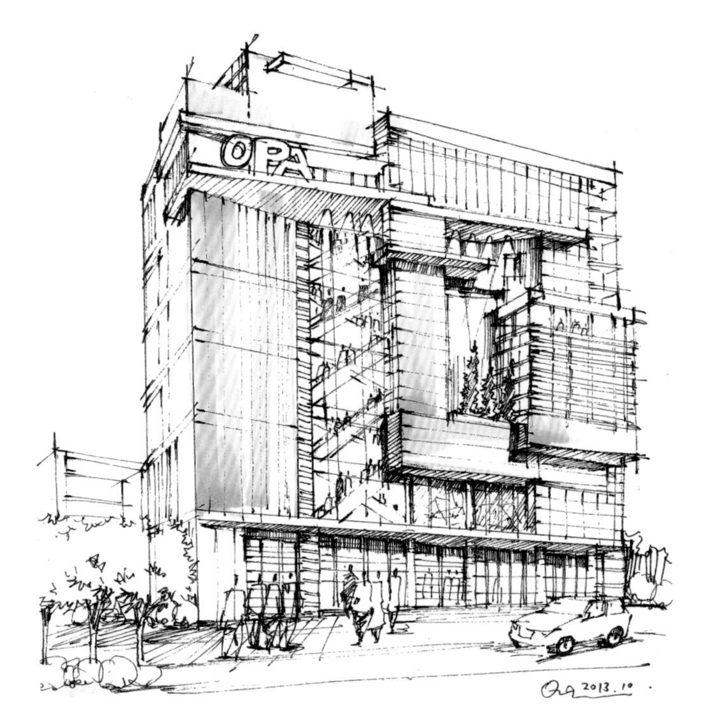


步骤四

步骤五：逐步调整暗、亮两面的色彩。马克笔上色以爽快干净为好，不要反复地涂抹，可运用跳笔法、干画法，表现出建筑的光感。一般上色不可超过四层色。

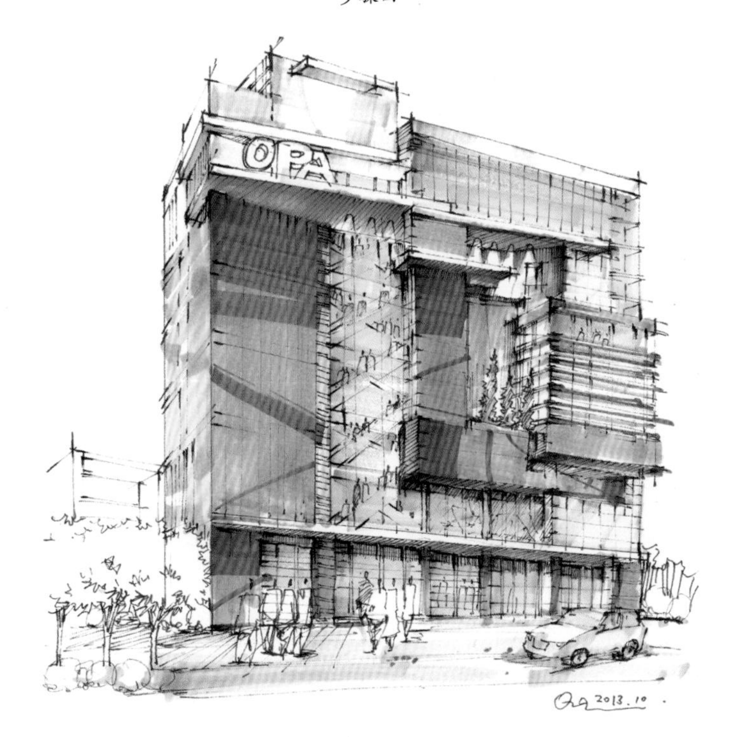


步骤五

步骤六：调整。这个阶段一方面是要调整局部，对形体及材质进行深入雕琢；另一方面是要调整大关系，强调主体，弱化次要形体。

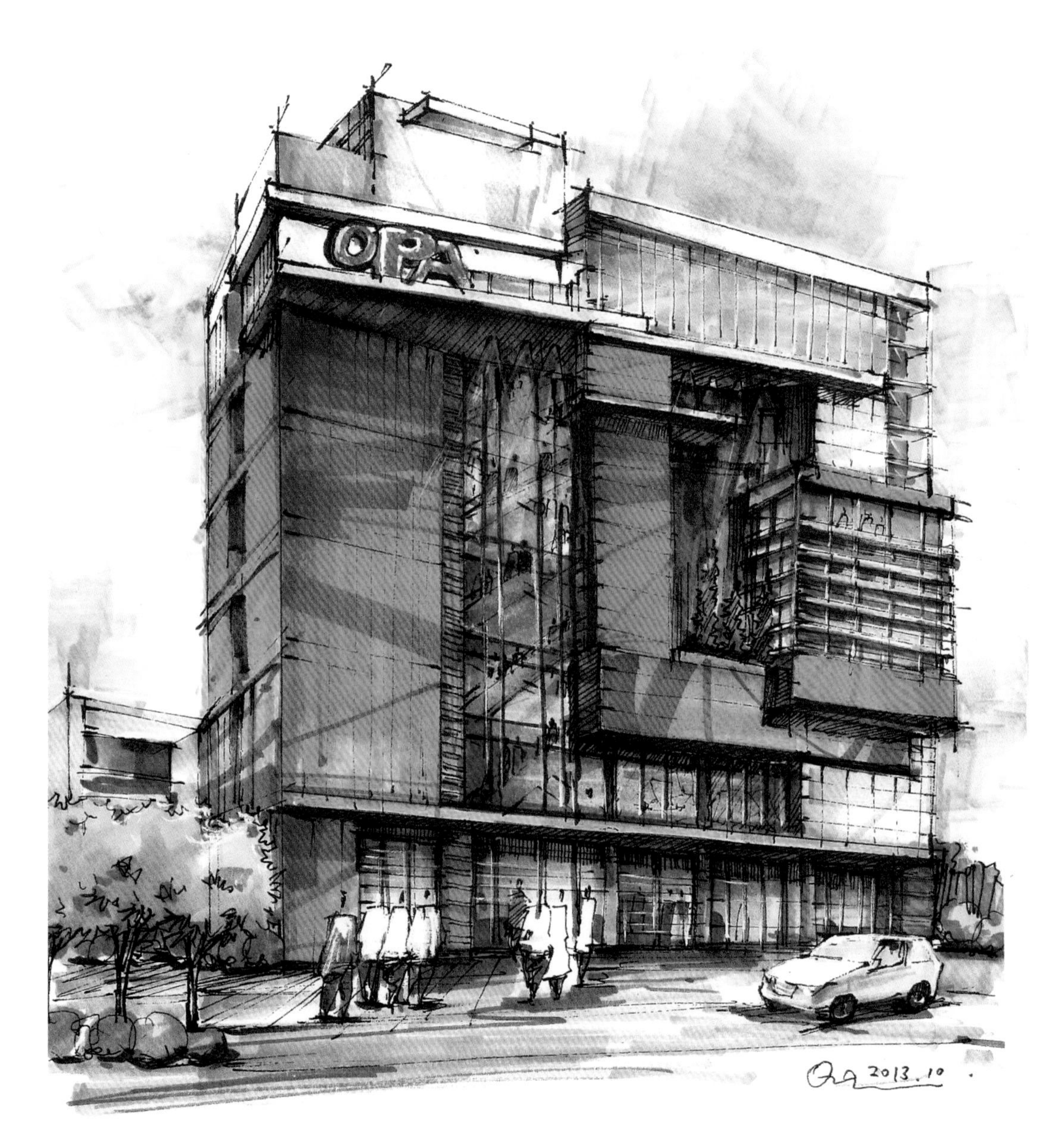


步骤六

2. 范例 2

步骤一：刻画线稿要把握物体场景的素描关系，包括光影关系、主次关系和空间关系。并把握住刻画的度，不能刻画的细节过多，要给马克笔上色留有空间。

步骤一

步骤二：在线稿刻画完成的基础上，开始铺色，一般从浅色往深色刻画，这样可以进行调整和修改。注意冷暖色不要叠加，可以用三福牌 109 号、110 号单色冷灰先找出物体两个基本面的素描关系。

步骤二

步骤三：进一步铺大色彩关系，适当的用 156 号、158 号暖灰画地面面的素描关系，用 12 号浅土黄色画一层建筑的色彩关系，用 48 号、198 号画玻璃的虚实关系、空间关系。用 131 号扫画玻璃的背光面。用 197 号画建筑左侧植物的亮面，用 195 号画建筑右侧植物。不要画的过满，还要注意冷暖色不要叠加。

步骤三

步骤四：用 48 号、198 号浅蓝色颜色画天空，用 184 号深绿画建筑左侧植物的暗面和针叶树，用 31 号画建筑右侧植物的暗面。画颜色的过渡一定要自然、通透。

步骤四

步骤五：用 144 号冷灰进一步画建筑的暗面，用 159 号、160 号暖灰画地面的投影。上色时要表达出主题和整个效果图的空间效果，上色一定要“透气”颜色不要发“闷”。

步骤五

步骤六：一幅色稿最重要的部分是在于后期对整体画面的调整，这一步骤包括了对整体画面的塑形、前景植物的补充。对整个画面明暗的加深和提亮，高光的处理，光影的调整。本作品用 143 号蓝色画地面，用 142 号蓝灰色画玻璃暗面，用 197 号浅绿画前景植物的亮面，用 165 号、31 号两种深绿画植物的暗面，用 69 号褐色画建筑右侧的砖墙材质。

步骤六

步骤七：最后用涂改液提玻璃的高光和地面的光影。

步骤七

## 三、彩色铅笔表现建筑的步骤

步骤一：用彩铅着色的黑白底稿要尽量处理得细致完整。

步骤一（李涛作品）

步骤二：注意对趣味中心的表现。先从画面的主要部分着色，用黄色系画出建筑的体积，笔触方向不要太乱，可以顺着物体的结构排线，注意用笔力度能够发挥彩铅的优势，体现色彩和画面的明度层次关系。

步骤二（李涛作品）

步骤三：大面积的蓝色系调配玻璃的颜色，配景色往往与主要颜色有对比关系，目的就是进行一定的补充，彩铅表现要追求清新活泼、富于动感的效果。

步骤三（李涛作品）

步骤四：全面调整，加强画面的层次感。拉大画面的明暗关系，强调对主体的表达。

步骤四（李涛作品）

## 四、马克笔 + 彩色铅笔表现建筑的步骤

### 1. 范例 1

步骤一：钢笔线条的表现要把握图面的整体虚实关系。

步骤一

步骤二：用暖灰中三福牌最浅的 155 号马克笔起步，画主体建筑亮面和地面。横向的建筑体面竖着画，画竖向的地面用笔横着画，这样能彰显空间尺度。

步骤二

步骤三：用 69 号土黄色马克笔画小体量亮面的建筑。

步骤三

步骤四：在用 200 号褐色和 157 号暖灰色马克笔画建筑的暗面，表现时要灵活地变动笔触。

步骤四

步骤五：用 10 号马克笔画建筑入口的亮面，用 78 号马克笔画主体建筑的砖墙材质，用 144 号马克笔画景墙的亮面，用 97 号马克笔画草坪的亮面，要注意调整各建筑的色彩、材质特征，用明度较高、纯度较低的色彩绘制建筑的整体关系。

步骤五

步骤六：用 48 号浅蓝色马克笔画建筑的玻璃，横扫或斜扫运笔更能表现出玻璃的质感，用 198 号浅蓝色马克笔反复画水面，要画出渐变效果。

步骤六

步骤七：用 27 号浅绿色马克笔画中景植物亮面，用 36 号灰绿色马克笔画中景植物暗面和远景植物。注意推敲图面整体虚实关系及色彩冷暖变化，同时环境色因素也要考虑进去。

步骤七

步骤八：用 27 号浅绿色马克笔和 36 号灰绿色马克笔画近景植物亮面，184 号深绿色马克笔画近景植物暗面，31 号深绿色马克笔画远处植物的背光处。142 号灰蓝色马克笔画投在二层玻璃上的植物影子，142 号画一层玻璃投影，13 号红色马克笔画室内的家具，143 号彩色铅画出玻璃的室内光感。用同色系、明度较低的颜色画建筑玻璃的暗部和投影，是为了突出了图面表现的重点，也利于主体物质感的塑造。

步骤八

步骤九：用 451 号彩色铅笔画出天空和玻璃的冷暖关系，要控制色彩画面统一性，主体建筑刚性、硬朗的笔触，与“随意”的天空形成强烈的虚实对比。

步骤九

步骤十：用 143 号黄色彩铅笔轻轻涂抹建筑与地面交汇的区域，使各种颜色统一在一起。用 437 号、421 号、415 号彩铅画出了人物和木铺装的颜色，这样用比较明快的颜色突出和背景的对比。用 451 号蓝色彩铅给远景植物上色，用 148 号、140 号彩铅分别画墙砖和混凝土，用白色涂改液画玻璃和入口处的光感。最后调整图面整体色调、投影和虚实关系，进一步完善图面。

步骤十

2. 范例 2

步骤一：马克笔先画出暗部和投影，应该注意点、线、面的安排。笔触的长、短、宽、窄组合搭配不要单一，应有变化，然后用彩铅画出天空的颜色。

步骤一

步骤二：表现玻璃要注意反射面和透明面相结合，控制建筑的整体色调和环境色。

步骤二

步骤三：马克笔画出建筑的光影变化，笔触要画出由深到浅的渐变效果。强化对比，重点刻画建筑入口部分，其他作概括处理。用彩色铅笔把握整体色调的冷暖关系并注意刻画近景和远景的空间。注意人物用纯色，起到点缀画面的作用。

步骤三

## 五、单色马克笔表现实例

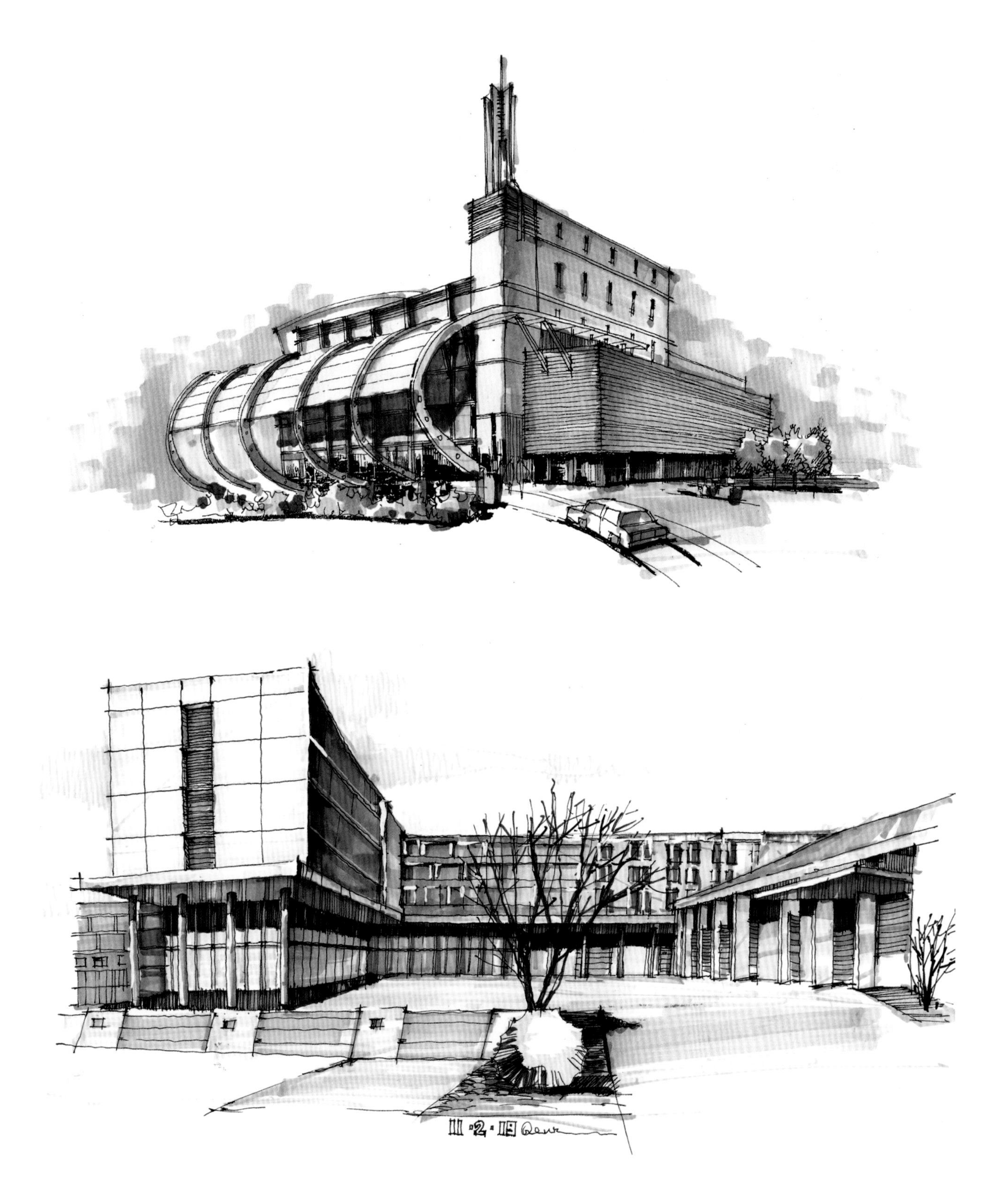

## 六、马克笔表现实例

此幅作品表现的是大学生活动中心，前景水面和地面都起到了加强景深的作用。

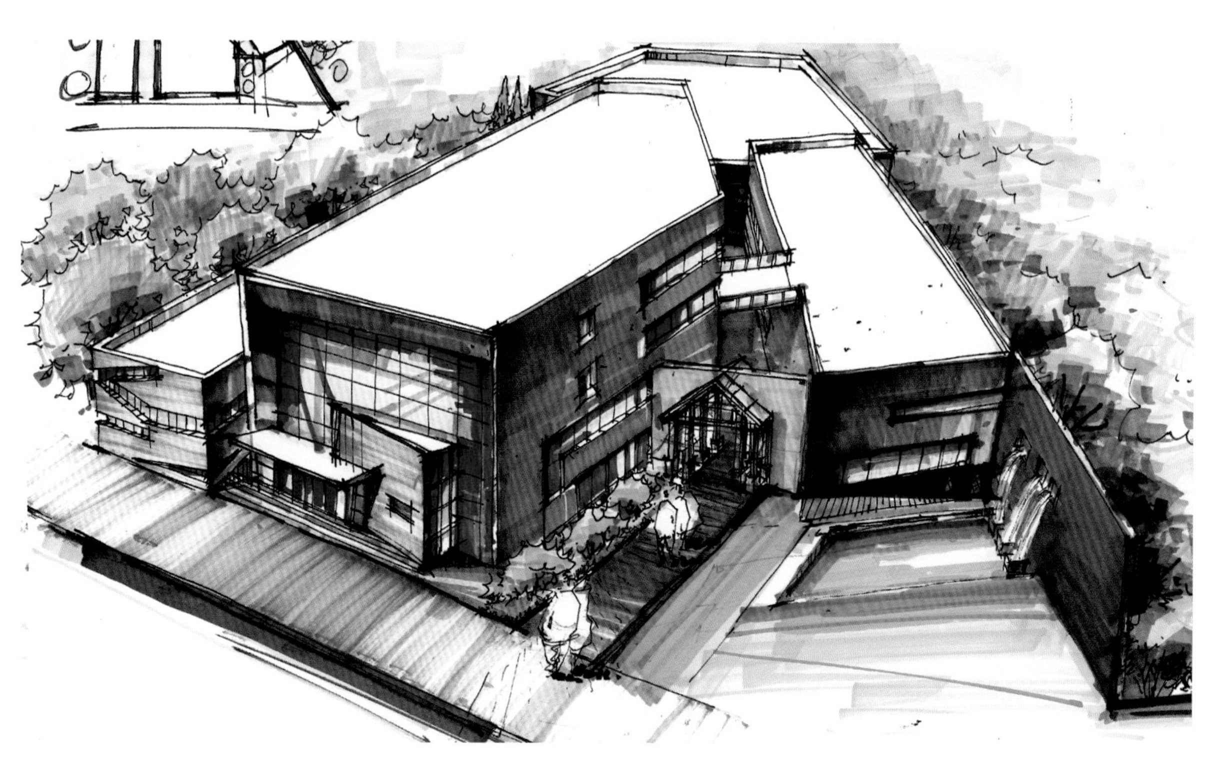

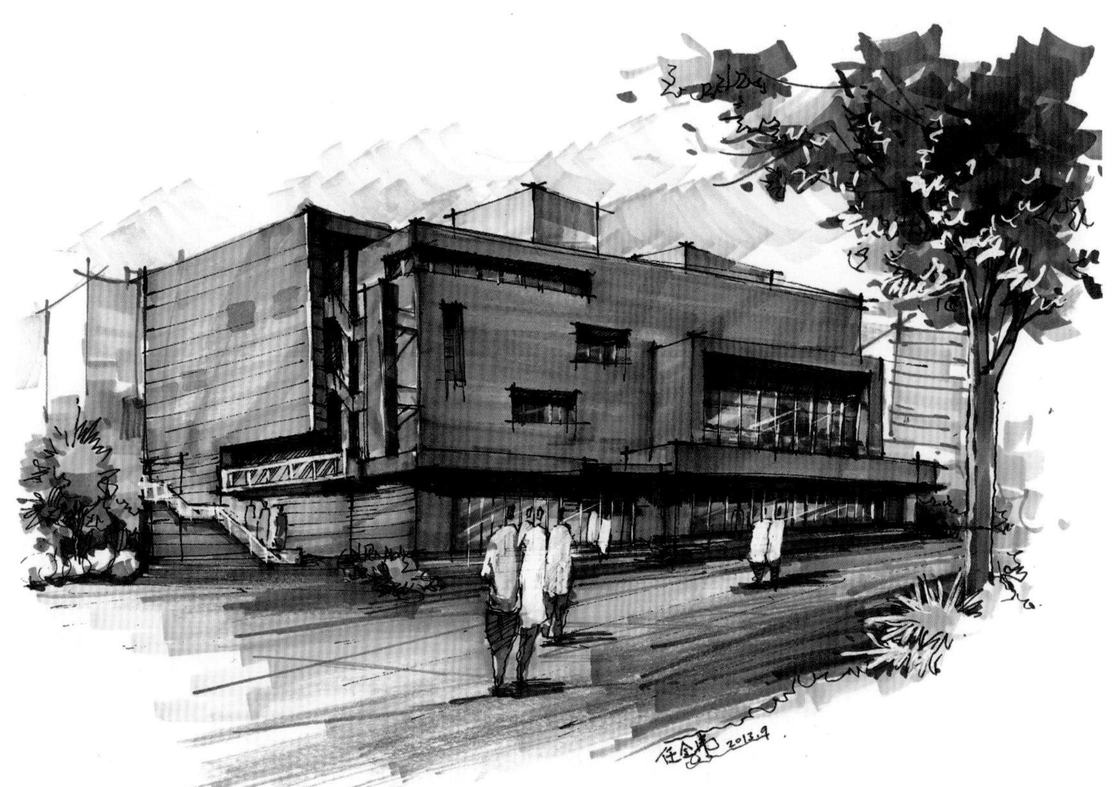

此幅作品表现的是大学食堂，明亮色彩的组合会使画面产生轻快感、透明感。

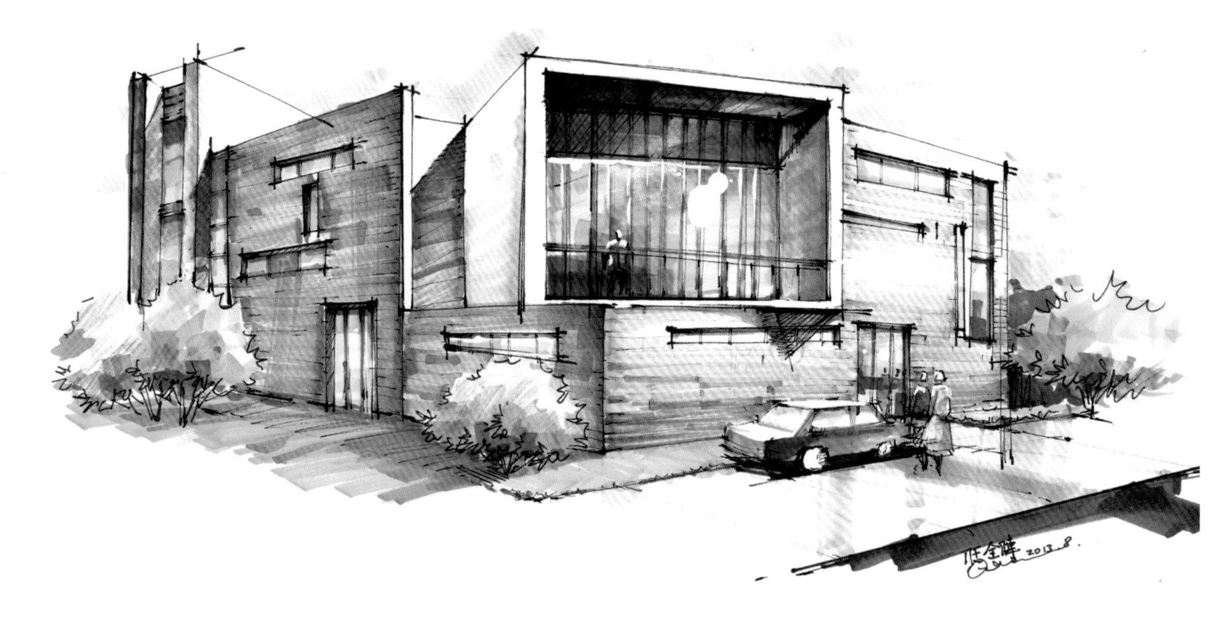

此幅作品表现的是科学馆，暖色调引起注目，能使画面产生温暖、辉煌的视觉效果。

此幅作品表现的是会议中心，画面中对比色势均力敌，对比色色相反差大，能营造强烈的视觉效果。

任全伟 2013

任全伟 2013.11

2013.11

▲ 为了突出建筑形象，可以通过配景加强建筑的空间感次感。

—155 —160 —142
—144 195
—157 25
—158 —31
—48 —200
—198 —163

七、彩色铅笔表现实例

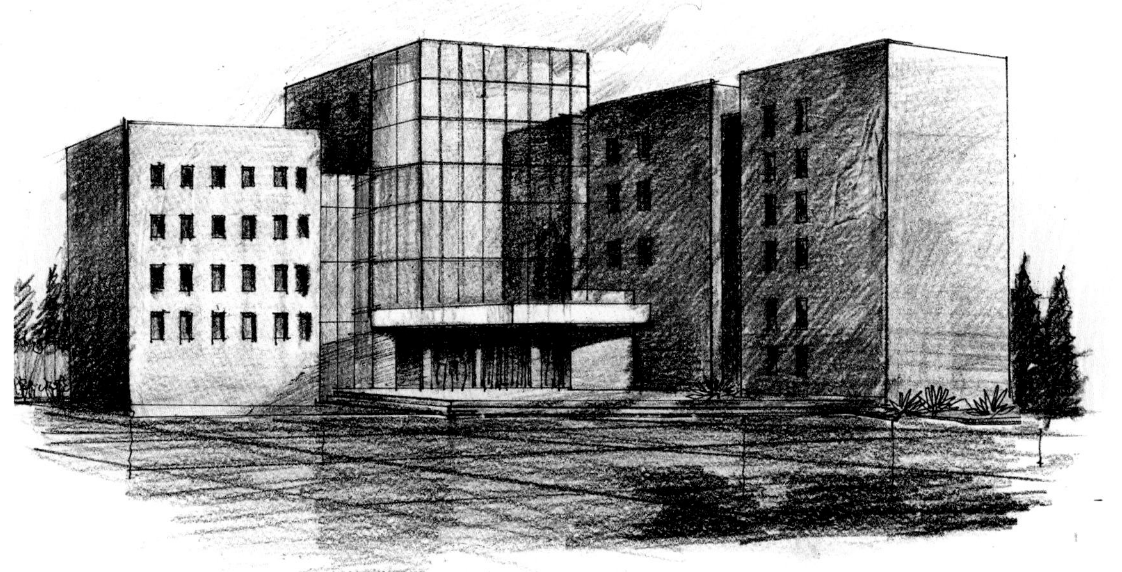

## 八、马克笔＋彩色铅笔表现实例

此幅作品表现的是艺术馆，线面结合，用快速、简洁而流畅的用笔方法表现现代建筑的形式感。

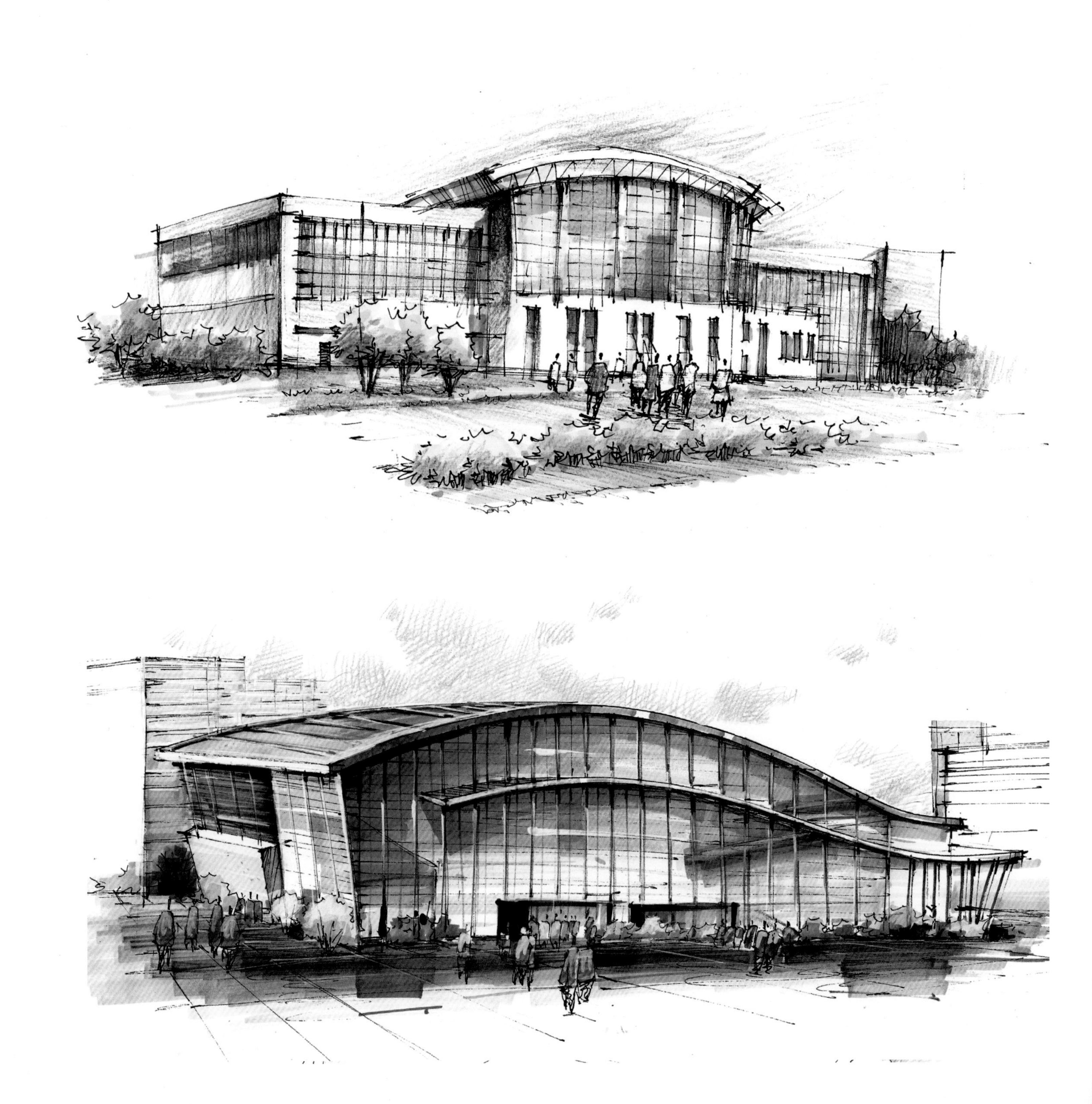

RUBEN 2002 MX

RUBEN 2002

## 九、手绘在快题设计中的应用

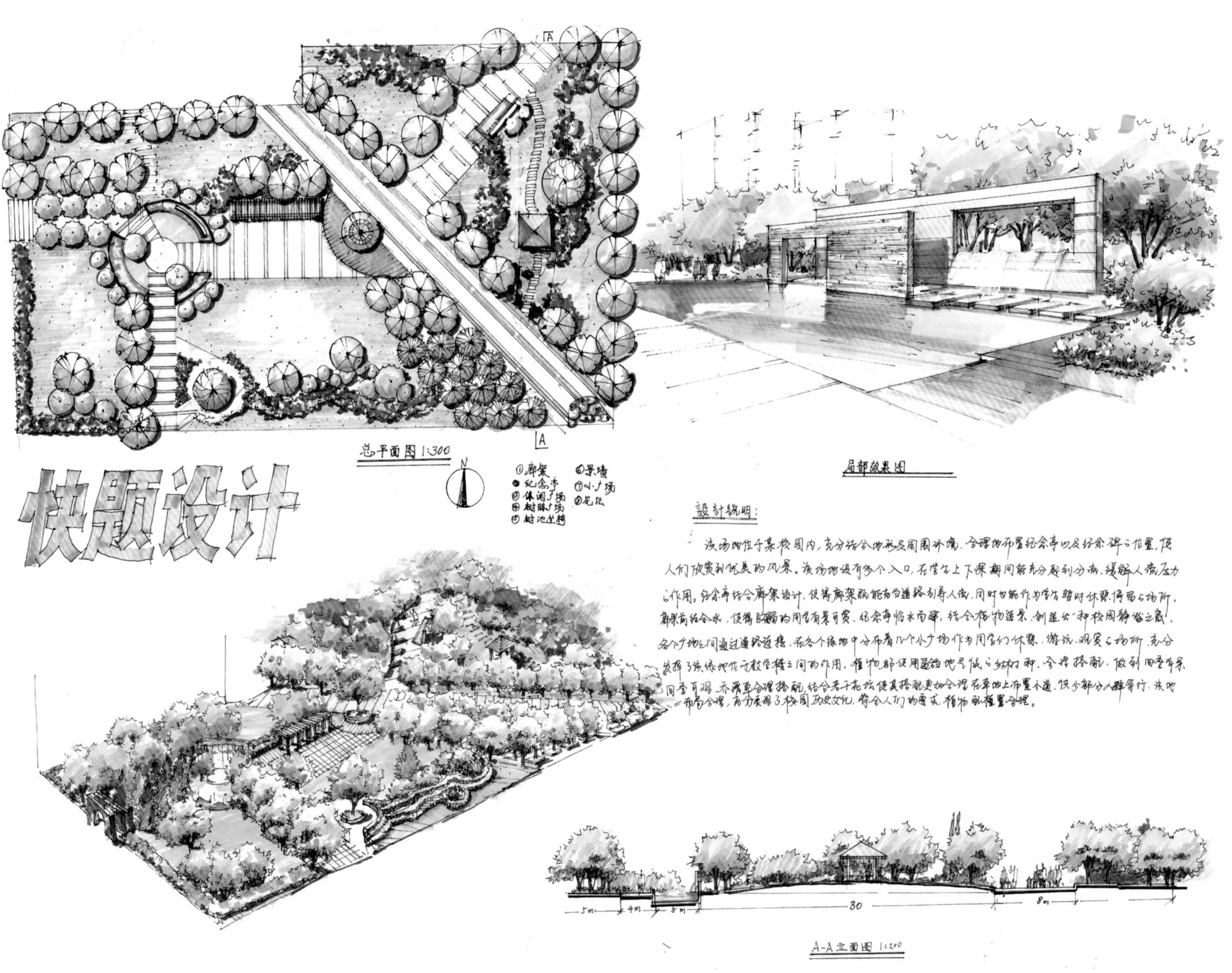

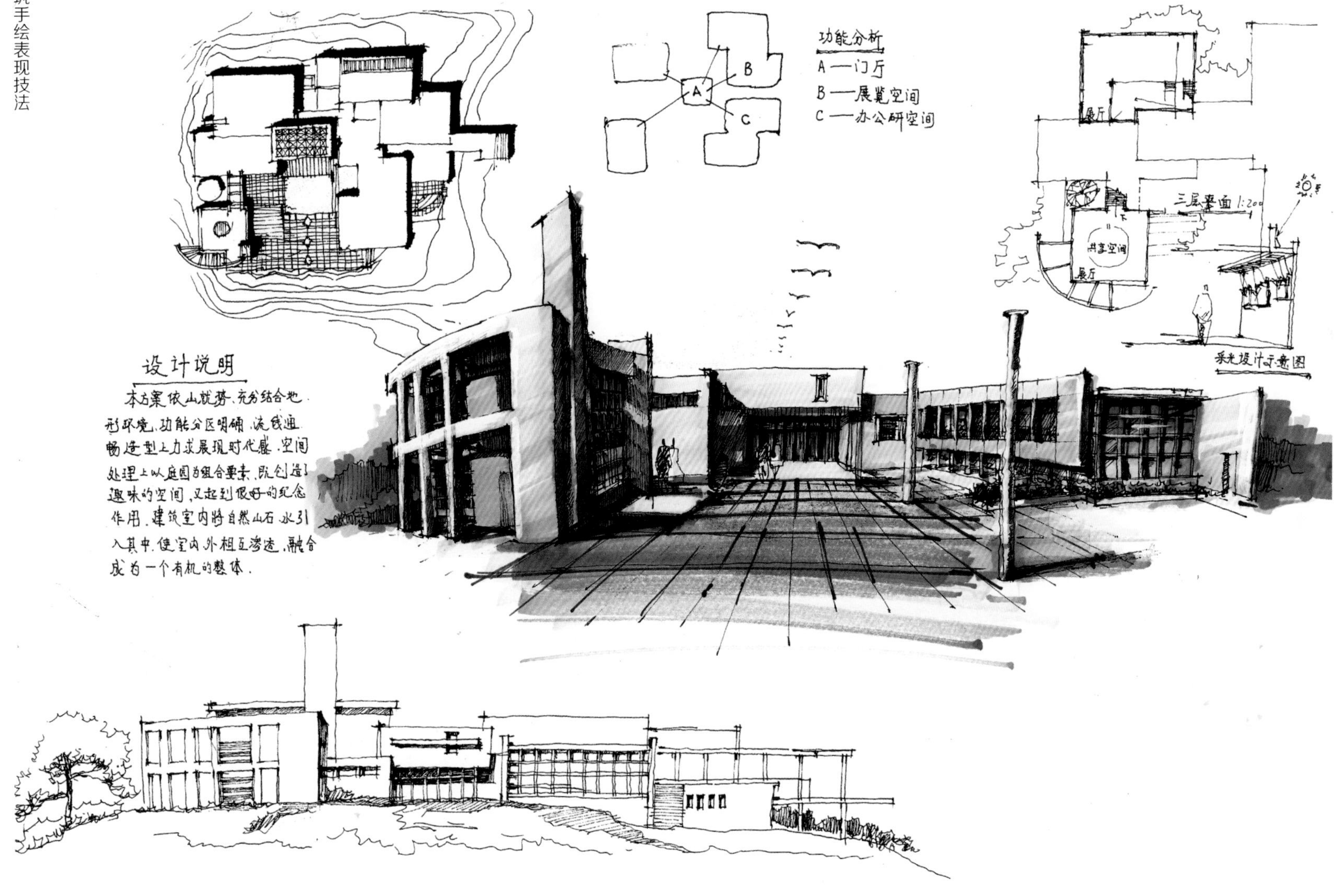
功能分析
A —门厅
B —展览空间
C —办公研空间
三层平面 1:200
展厅
共享空间
展厅
采光设计示意图
设计说明
本方案依山就势、充分结合地
形环境，功能分区明确，流线通
畅，造型上力求展现时代感，空间
处理上以庭园为组合要素，既创造了
趣味的空间，又起到很好的纪念
作用，建筑室内将自然山石、水引
入其中，使室内外相互渗透，融合
成为一个有机的整体。

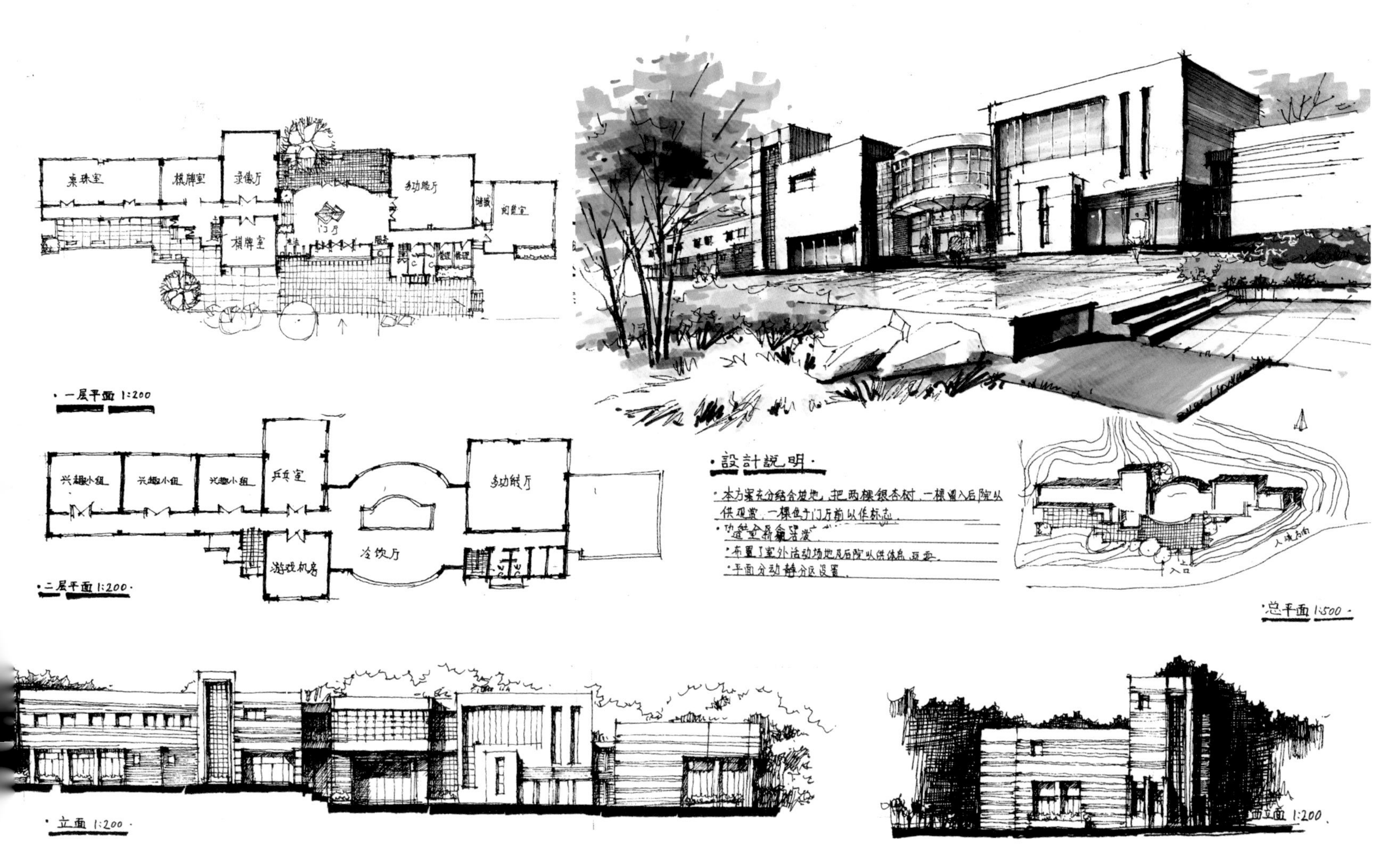
桌球室
棋牌室
录像厅
多功能厅
阅览室
门厅
棋牌室
一层平面 1:200
兴趣小组
兴趣小组
兴趣小组
乒乓室
多功能厅
冷饮厅
游戏机房
二层平面 1:200
·設計說明·
·本方案充分结合坡地，把两棵银杏树，一棵留入后院以供观赏，一棵位于门厅前以作标志。
·布置了室外活动场地及后院以供休息、游耍。
·平面分动静分区设置。
总平面 1:500
立面 1:200
立面 1:200

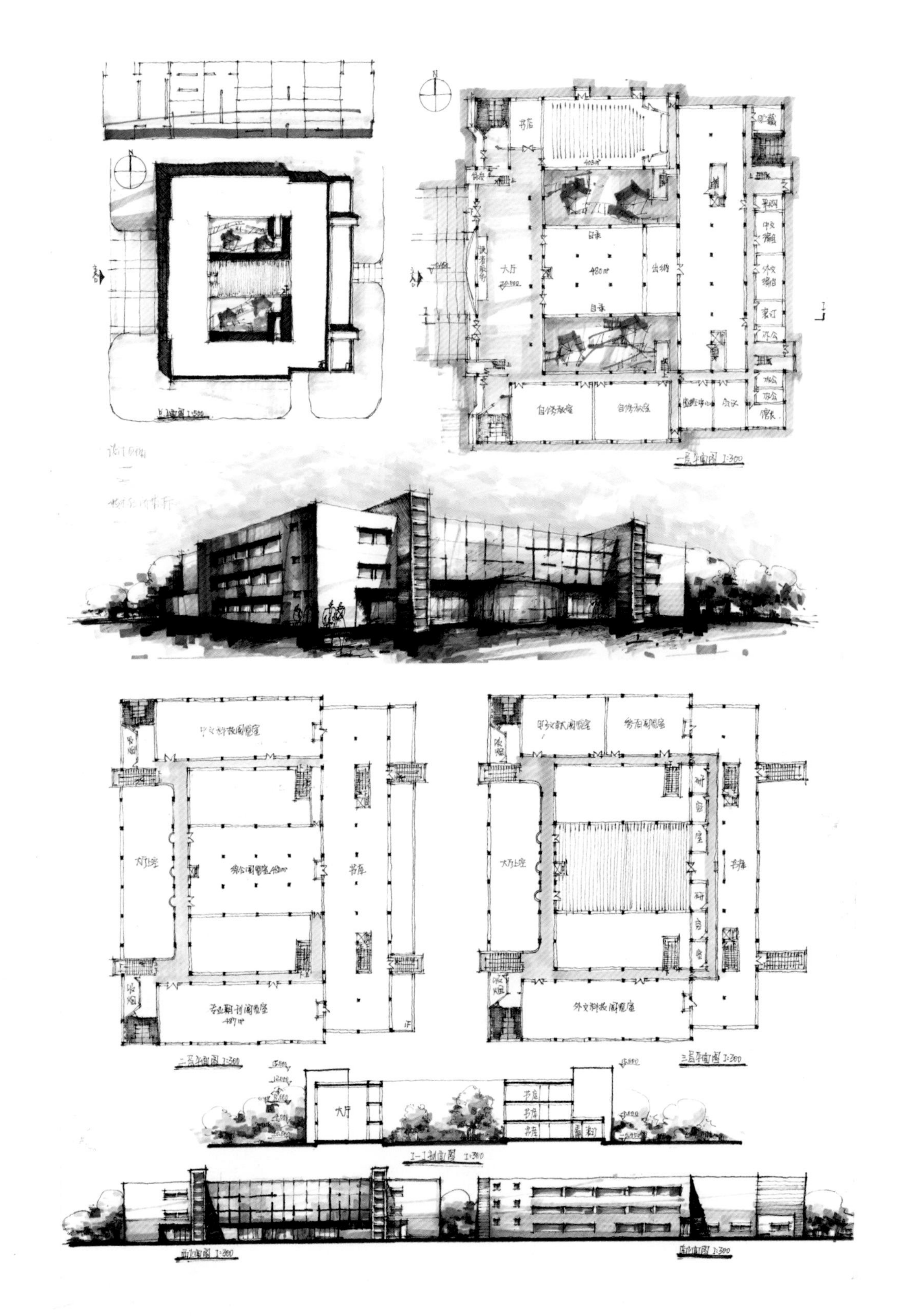
总平面图 1:500
一层平面图 1:300
书店
大厅
目录
480m²
自修教室
二层平面图 1:300
综合阅览室
书库
大厅上空
三层平面图 1:300
外文期刊阅览室
I-I剖面图 1:300
南立面图 1:300
西立面图 1:300